FAO中文出版计划项目丛书

细胞基食品食用安全解析

联合国粮食及农业组织
世界卫生组织 编著

李　宁　刘兆平　吴永宁　主审

宋　雁　雍　凌　等　译

中国农业出版社
联合国粮食及农业组织
世界卫生组织
2025·北京

引用格式要求：

粮农组织和世卫组织。2025。《细胞基食品食用安全解析》。中国北京，中国农业出版社。https://doi.org/10.4060/cc4855zh

本信息产品中使用的名称和介绍的材料，并不意味着联合国粮食及农业组织（粮农组织）和世界卫生组织（世卫组织）对任何国家、领地、城市、地区或其当局的法律或发展状况，或对其国界或边界的划分表示任何意见。提及具体的公司或厂商产品，无论是否含有专利，并不意味着这些公司或产品得到粮农组织或世卫组织的认可或推荐，优于未提及的其他类似公司或产品。

本信息产品中陈述的观点是作者的观点，未必反映粮农组织或世卫组织的观点或政策。

ISSN 978-92-5-137723-9（粮农组织）
ISSN 978-7-109-33416-8（中国农业出版社）

FAO中文出版计划项目丛书

指 导 委 员 会

FAO中文出版计划项目丛书

译 审 委 员 会

本书译审名单

　　随着科技的飞速发展，人类对食品生产方式的探索从未停歇。细胞工厂作为21世纪食品科学领域的重要突破，标志着人类在食物生产方式上的革命性创新。这种新型生产模式通过培养动物或植物的细胞来获得食品原料，不仅具有资源高效、环境友好和可持续性强等特点，更为解决全球粮食安全问题提供了全新思路，为农业的可持续发展开辟了新的路径。

　　在食品领域，任何创新技术的应用必须有食用安全性与适用性的充分科学证据。为了帮助世界各国细胞基食品的研发、生产和监管，联合国粮食及农业组织和世界卫生组织联合编纂和出版了专著《FOOD SAFETY ASPECTS OF CELL-BASED FOOD》。该书凝聚了全球顶尖科学家的智慧结晶，为全球细胞基食品安全保障提供了权威、科学的信息支持。该书中文版的出版则为中国细胞基食品的安全监管提供了重要参考与借鉴。

　　在国际范围内，细胞培养肉的研发已取得重要进展：从2013年世界首个细胞培养牛肉汉堡的成功问世，到近年来多国相继批准相关产品上市，细胞培养肉技术的发展已展现出巨大的潜力。目前，全球科学家正在致力于突破生产成本、口感优化等关键技术瓶颈，以期实现大规模商业化应用。细胞基食品的创新发展，不仅为筑牢我国食品安全防线提供了重要路径，更是驱动食品产业转型升级、赋能农业可持续发展的重要引擎。

　　当前，中国作为负责任的大国，在积极参与这项创新技术的研发与监管的同时，也面临着诸多挑战和机遇。令人欣喜的是，国内高校、研究机构和高科技企业在细胞基食品研发方面已取得一系列重要进展，相关监管部门也在积极探索适应新技术特点的管理框架，力求在确保安全的前提下推动技术创新。

　　本书的出版恰逢其时，不仅为我国食品安全监管人员提供了国际经验参考，也为科研工作者指明了研究方向，更为产业界人士打开了创新思路。这是一本兼具学术价值与实践指导意义的重要著作，我相信它能够成为一座桥梁，为我国细胞基食品领域的学术研究、技术开发与科学监管提供多元视角与国际经验参考，将推动中国在细胞基食品领域的健康发展，助力实现"健康中国2030"宏伟目标。

　　展望未来，在全球气候变化和人口增长的双重压力下，发展新型食品安全技术势在必行。细胞农业的发展不仅将重塑传统肉类产业格局,更将为保障国家粮食安全、促进农业可持续发展提供强有力的技术支撑。我殷切期盼这部译著能够激发更多有识之士投身这一领域,共同推动中国食品科技走向世界前沿,为人类食品安全和未来食品供应作出更大贡献。

中国工程院院士
2025年5月于北京

PREFACE TWO | 序 二 |

　　随着生物技术的快速发展，细胞基食品作为新兴食品类别逐渐走入大众视野，其食品安全问题也随之成为全球关注焦点。2013年世界首个细胞培养牛肉汉堡公开，2020年新加坡食品安全局（SFA）批准第一例细胞培养鸡肉产品，2022年和2023年美国批准两例细胞培养鸡肉产品，2024年以色列批准细胞培养牛肉产品。目前全球已经研发的细胞基替代蛋白类物质主要有畜禽肉、鱼虾肉和乳制品等。我国科研院校和行业企业也在积极推动细胞培养肉的研发和落地。全球多个监管机构正在积极研究和制定相关法规，以确保细胞基食品的安全性和市场准入。在此背景下，联合国粮食及农业组织（FAO）和世界卫生组织（WHO）联合编著了《FOOD SAFETY ASPECTS OF CELL-BASED FOOD》一书。通过分享现有知识，与各国及相关方展开深入交流，旨在探寻切实可行的方法，使消费者及相关方全面了解细胞基食品在食品安全方面的考量要点。这部专著一经问世，便迅速成为全球风险评估领域瞩目的焦点。由于技术的新颖性，不同国家和地区对细胞培养类产品的安全性评价方法仍未有统一的标准，有必要全面、深入地调研国外在细胞培养类产品实际生产使用情况及管理模式和经验，从而助力中国在这一新兴领域构建起完善且适配的监管体系，推动产业健康有序发展。

　　基于以上背景，国家食品安全风险评估中心对《FOOD SAFETY ASPECTS OF CELL-BASED FOOD》一书进行翻译，中文译名为《细胞基食品食用安全解析》。本书分为背景和术语介绍、技术性背景问题、国家案例研究、食品安全危害识别以及结论和展望等五个章节，内容包括相关术语问题、细胞基食品生产过程的原则和细胞基食品生产监管框架的全球状况的文献综述。其中包括以色列、卡塔尔和新加坡的案例研究，以凸显其细胞基食品监管框架的不同范围、架构和背景。本文的核心是FAO牵头的专家咨询会进行的全面食品安全危害识别结果，并以因果链的案例总结了需要关注的潜在风险因子。

　　考虑到本书涉及专业知识的深度与广度，我们在译者遴选过程中，着重考量了译者的学术研究背景及实践工作经验，以此构建专业翻译团队，为译文质量筑牢根基。在翻译工作推进过程中，每位译者与校者均秉持严谨态度，凭借扎实的专业功底与敬业精神，全身心投入到每一处文字的斟酌与打磨中。正是全体成员的辛勤耕耘与不懈努力,才使得这部译著得以顺利完成。他们是:国家食品安全风险评估中心的李宁研究员和刘兆平研究员负责主要审核工作,国家食品安全风险评估中心的宋雁、雍凌、欧瞳、张维春柏、肖潇、孙绍鑫、隋海霞、杨道远、谢倩倩、田微宁,以及北京大成(上海)律师事务所的冯文煦律师负责翻译工作。特别感谢FAO中文出版计划项目丛书指导委员会和译审委员会对本书的大力指导,感谢陈君石院士以及国家食品安全风险评估中心的樊永祥研究员、吴永宁研究员为本书的顺利出版进行了细致的策划和精心的组织协调,为保证本书的质量做出了重要贡献。感谢江南大学周景文教授、关欣副研究员和中国肉类食品综合研究中心王守伟教授级高级工程师协助审核细胞基食品工艺的相关内容。中国农业出版社负责后期编辑、文字校对、图表制作和排版,使本书在有限时间内完成付梓。在此表示衷心的感谢。

在本书的编译工作中,我们秉持精益求精的态度,多次组织研讨与修订,始终以"信、达、雅"为准则贯穿始终。力求精准传达原专著的核心内容与深层精神,确保译文表述清晰流畅、逻辑连贯,同时审慎处理专业术语,避免因晦涩表述影响读者理解,让原专著的思想精髓与细微之处皆能完整呈现。尽管全体译者与校者已全力以赴投入编译工作,但受限于学识水平与认知边界,书中或仍存在疏漏谬误之处,恳请各位读者不吝赐教、批评指正。

译　者

2025年5月国家食品安全风险评估中心

ACKNOWLEDGEMENTS 致 谢

联合国粮食及农业组织（FAO）和世界卫生组织（WHO）对在本文件编写过程中提供建议和指导的众多人士表示感谢。本书是为 FAO 和 WHO 编写的，编写过程由 Masami Takeuchi（FAO）协调，由 Markus Lipp（FAO）提供总体指导，由 FAO 和 WHO 的同事共同合作完成。本书作为 FAO 和 WHO 的联合出版物出版，但前面的章节是在 FAO 的监督下由多位专家起草的。在此感谢 Juliana De Oliveira Mota（WHO）和 Moez Sanaa（WHO）在整个过程中提供的技术支持。

B 部分由荷兰 Wageningen 食品安全研究公司的 Mark Sturme 和 Gijs Kleter 撰写。技术审查由多位国际专家进行，他们是 Ousama Abubaker Abushahma、Joshua Ayers、Laura Braden、Stan Chan Siew Herng、Kern Rei Chng、Jonatan Darr、Breanna Duffy、Jeremiah Fasano、Antonio Fernandez、William Hallman、Ziva Hamama、Melissa Hammar、Natsuo Komoto、Teng Yong Low、Paul Mozdziak、Rick Mumford、Glen Neal、Kimberly Ong、Atiq Rehman、Yadira Tejeda Saldana、Jo Anne Shatkin、Elliot Swartz、Mehdi Triki、Hanna Tuomisto、Ruth Willis 和 Johnny Yeung Chun Yin。FAO 的多位同事提供了技术和编辑方面的意见，Jennifer Parkinson 提供了技术编辑。

对于 C 部分，多位政府官员和专家对国家案例研究做出了贡献，以下人员撰写了每一章的内容（按字母顺序排列）。

（1）C-1（以色列）：Jonatan Darr、Ziva Hamama、Joseph Haskin、Yogev Magen 和 Shay Reicher

（2）C-2（卡塔尔）：Ousama Abubaker Abushahma、Irshad Ahmed Abdul Samad、Hend Ali Al Tamimi 和 Mehdi Triki

（3）C-3（新加坡）：Joanne Chan Sheot Harn、Angela Li、Teng Yong Low、Kern Rei Chng、Johnny Yeung Chun Yin、Stan Chan Siew Herng 和 How Chee Ong

国家案例研究的技术审查是由技术工作组中参加过 FAO 相关倡议的多位国际专家提供的，他们是：Amie Adkin、Joshua Ayers、Darren Cutts、Jeremiah Fasano、Melissa Hammar、Rick Mumford、Glen Neal、Matthew O'Mullane

和Atiq Rehman。每个国家案例的作者还对其他国家的案例进行了技术审查。FAO的多位同事为国家案例研究提供了技术和编辑方面的意见（包括Shan Chen和Markus Lipp），Jeannie Marshall提供了技术编辑。

D部分是根据专家咨询会的结果制定的，所有技术小组成员都为起草和审查每一部分做出了大量技术贡献。FAO的多位同事，包括Maura DiMartino、Vittorio Fattori和Keya Mukherjee，若干技术工作组成员和FAO专家都做出了技术和编辑方面的贡献。特别是Jeffrey Farber为本书的最终文本做出了重要贡献，在此表示感谢。

ACRONYMS |缩 略 语|

AMPS	美国畜肉、禽肉和海产品创新协会	HACCP	危害分析与关键控制点
		IEC	国际电工委员会
ANPR	拟议规则制定的预先通知	ISO	国际标准化组织
CEPA	加拿大环境保护法	JECFA	联合国粮食及农业组织和世界卫生组织食品添加剂联合专家委员会
EFSA	欧洲食品安全局		
FAO	联合国粮食及农业组织		
FBS	胎牛血清	MME	市政和环境部
FDA	食品药品监督管理局	MOCI	商业和工业部
FRESH	未来食品安全中心	MOH	卫生部
FSANZ	澳大利亚新西兰食品标准局	MOPH	公共卫生部
		NFS	国家食品服务局
FSEH	食品安全和环境卫生局	NSNR	新物质申报条例
FSIS	美国食品安全与检验局	OECD	经济合作与发展组织
GAP	良好农业规范	QS	卡塔尔标准和计量总局
GCC	海湾合作委员会	R&D	研究与开发
GCCP	良好细胞培养规范	SD	标准差
GHP	良好卫生规范	SFA	新加坡食品局
GLP	良好实验室规范	USDA	美国农业部
GM	转基因	USDA-FSIS	美国农业部食品安全与检验局
GMO	转基因生物		
GMP	良好生产规范	US FDA	美国食品药品监督管理局
GRAS	一般认为安全	WHO	世界卫生组织
GSO	海湾合作委员会标准化组织		

|执行概要| EXECUTIVE SUMMARY

以动物为基础的肉类生产已经发展了数千年，以满足人们对安全和价格可接受的蛋白质来源的需求。细胞基食品生产，即直接从细胞培养物中培育动物农产品，被认为是传统畜牧业系统的一个可持续的替代方案。随着商业化细胞基食品生产的不断扩大，解决消费者关心的最重要的问题之一——食品安全问题的紧迫性也随之增加。因此，联合国粮食及农业组织（FAO）与世界卫生组织（WHO）合作编写了本书，通过主动分享现有知识，与各成员和利益相关方接触，以确定具体方法，让消费者和所有其他利益相关方了解细胞基食品的食品安全考虑因素。

本书包括相关术语问题、细胞基食品生产过程的原则和细胞基食品生产监管框架的全球状况的文献综述。其中包括以色列、卡塔尔和新加坡的案例研究，以凸显其细胞基食品监管框架的不同范围、架构和背景。本书的核心是FAO牵头的专家咨询会进行的全面食品安全危害识别结果，并以因果链的例子总结了所识别的危害。

危害识别是正式风险评估过程的第一步。在专家咨询会期间，讨论了细胞基食品生产的四个阶段的所有潜在危害，即：①细胞来源；②细胞生长和生产；③细胞收获；④食品加工。专家们一致认为，由于许多危害已经众所周知并且同样存在于传统方法生产的食品中，因此可能需要把重点放在细胞基食品生产所需的特定材料、投入物、成分（包括潜在的过敏原）和设备上。

虽然已确定的危害清单为下一步工作奠定了坚实的基础，但在全球范围内应生成和共享更多的数据，从而创造一种开放和信任的氛围，使所有利益相关者都能积极地参与进来。国际合作将有利于各种食品安全主管部门，特别是低收入和中等收入国家的主管部门，采用基于证据权重的方法来准备必要的监管行动。

未来需要做的事情包括继续投资研究和开发，以了解是否能够实现提高可持续性的预期收益。在这方面，要密切观察细胞基食品在多大程度上与传统生产的食品存在差异。

关键词：食品安全、细胞基食品、细胞培养、培养肉、培育肉、术语、命名法、生产过程、监管框架、风险分析、危害识别、风险评估、专家咨询、食品标准、食品法典

CONTENTS **目　录**

A 引 言

1 背景介绍

世界正面临巨大的粮食问题，据估计，到2050年，不断增长的世界人口将达到90亿～110亿。与此同时，随着全球对蛋白质需求的增长，伴随着潜在的健康和环境问题，越来越多的消费者希望减少对动物源性产品的消费。人们越来越认识到，要为不断增长的全球人口提供食物，同时以更可持续的方式生产食物面临着巨大挑战，这些挑战促进了粮食体系的创新，而这些创新正在塑造着我们未来的农业食品格局。

例如，在食品领域，很多人正在寻找机会扩大替代性蛋白质的来源，使之既具有环境可持续性，又具有营养价值。传统的肉类或蛋白质生产存在很多限制因素，如全球耕地数量有限，以及气候变化带来的已知和未知的威胁。细胞基食品生产，或称细胞农业，是指直接从细胞培养物中培育动物农产品，而不是使用牲畜，这些产品被称为细胞基食品、细胞培养食品和培育肉，已被开发为一种潜在的可持续选项，以作为传统的畜牧农业系统的补充。细胞基食品的开发在世界各地处于不同的发展阶段，因此，客观地评估其可能带来的好处以及相关风险（包括食品安全和质量问题）是至关重要的。

自21世纪初开始初步研究，细胞基食品的生产方法已经成型，并已从实验室转移到工厂。2013年，第一款采用该技术生产的牛肉汉堡面世。2020年12月，第一批细胞基鸡块在新加坡获得批准上市。2022年11月，美国食品药品监督管理局（US FDA）完成了对利用动物细胞培养技术生产的人类食品（鸡肉）的首次上市前咨询。自愿性的上市前咨询不是审批程序，但是，它意味着在分析了公司提交的数据后，US FDA表示目前就安全性结论没有进一步的疑问。目前，全世界有超过100家初创公司在开发各种细胞基食品。这一商业格局正在迅速扩大，许多不同类型的产品和商品，如各种畜肉、禽肉、鱼类、水产品、乳制品和鸡蛋，都在为未来的商业化做准备。

消费者会提出的最重要的问题之一是食品安全。除了安全之外，还有其他几个重要且合理的问题需要考虑，如道德问题、环境考量、动物福利、消费者的偏好/接受程度、生产成本、最终产品的价格，以及监管要求，如审批机制和标签规则。由于细胞基食品的生产可能涉及相对较新的技术、工艺和/或生产步骤，因此，在此类产品进入市场之前，许多国家可能正在考虑实施针对所有相关问题的监管程序。

联合国粮食及农业组织（FAO）和世界卫生组织（WHO）认为，现在是时候讨论关于细胞基食品生产的潜在好处和弊端了。FAO/WHO以及各成员国必须在各利益相关方之间积极分享相关知识和信息，以确定具体的方法来确保消费者不必担忧细胞基食品的安全性。

FAO/WHO目前关于细胞基食品的工作意图：在相关产品可以在全球市场上广泛供应之前，及时抓住关键的食品安全问题，以便主管部门，特别是中低收入国家的主管部门，能够掌握与细胞基食品生产有关的最新信息和科学知识，考虑可能需要采取的重要监管行动。本文件广泛研究了细胞基食品的食品安全问题，但并不意味着为该技术背书。FAO/WHO的作用不是推广任何类型的食品或生产方法，但FAO/WHO也无意阻止任何相关的技术发展和创新。FAO和WHO支持其成员确保以任何方式生产的任何食品对消费者的安全性。

2　工作术语

在本书中，"细胞基食物""细胞基食品"和"细胞基食品生产"等术语被用作一组工作术语，用来表示涉及培养动物分离细胞的产品或生产过程。

我们对各种相关术语进行了文献综述（见B-1部分），结果显示，虽然不同领域之间存在一些不同的偏好，但人们发现"细胞基食物"这一术语不那么令人困惑、方便概括，而且通常更容易被消费者接受。然而，没有一个术语在科学上是百分之百正确的。从理论上讲，任何由细胞构成的生物体都可以被描述为"细胞基"，因此，并不能将其与"细胞"培养可食用组织的技术区分开来。另外，"细胞基"这一术语从未用于食品，因此一些食品企业经营者可能不愿意使用这一术语。术语"培养的"和"培育的"可能会引起混淆，因为它们在水产养殖部门经常被用来表示养殖的鱼和渔业产品。术语"细胞农业"被认为过于笼统，因为它可以包括植物细胞培养或发酵的领域，可使用多种方法和技术。在术语中同时使用"肉""鸡"或"鱼"等商品名称也有表达不准确的问题（见D-4.6.3部分），因此为保持一致，统一使用"食物"和"食品"。

命名可以对消费者的认知、营销工作和相关的监管行动（如标签使用）产生重大影响。虽然本文件使用了"细胞基食品"一词，但专家们（关于技术小组专家的详细介绍，见D-2部分）建议在确定国际统一术语之前进行更完善的研究。有一套国际统一的术语固然是最理想的，但专家们表示，可能更重要的是首先推荐一系列应考虑到的关键要点，供食品安全主管部门在其文化和地理背景下以及在其语言范围内考量和使用。专家们还建议不要使用英文术语的直接翻译，而应该考虑到这些术语在当地语言中的含义。

3 目标和目标受众

本书的主要目的是通过文献综述和专家征询的过程，为读者提供关于细胞基食品生产这一多学科领域的最新技术知识，重点放在食品安全方面。

首要的具体目标包括：

（1）总结介绍相关技术事项，供国家食品安全主管部门，特别是中低收入国家的主管部门，考虑其可能需要采取的行动。

（2）在主管部门之间分享有关细胞基食品各种监管框架的技术知识和良好做法的信息，以便相互学习。

（3）总结介绍专家咨询的结果，包括对细胞基食品进行的食品安全危害识别。

（4）确定FAO、WHO等国际组织可能需要采取的后续行动。这将有助于在全球范围内与伙伴机构和利益相关者进行全球讨论和行动规划。

更具体的目标包括审查和描述信息，以便国家食品安全主管部门能够：

（1）了解各个国家和组织是如何描述和使用细胞基食品相关的术语，并以这些信息作为基础，帮助世界各地的利益相关者在选择那些可以在交流中使用或在细胞基食品的立法中可接受的细胞基食品术语方面做出知情决定。

（2）了解目前用于生产细胞基食品的各种技术以及已发现的潜在危害。

（3）了解技术小组进行的食品安全危害识别的结果，并为下一步的风险评估生成相关数据。

（4）了解目前不同国家和司法管辖区对细胞基食品的监管思路和发展情况。

虽然本书的主要目标受众是国家食品安全主管部门，但全球科学界、开发商、细胞基食品行业以及在细胞基食品生产领域从事研究的学者都可以从阅读本书中受益。

4 本书的范围

本书是严格意义上的技术性文件，首要关注点是与细胞基食品相关的潜在的食品安全问题。其涵盖范围包括检视该领域目前使用的术语，提供关于目前正在开发的细胞基食品生产技术的科学文献概述，总结已发现的任何潜在危害，并讨论目前不同国家对细胞基食品的监管发展。

人们认识到，在细胞基食品方面还有其他几个问题需要考虑，包括道德问题、环境考虑、动物福利、消费者的偏好或接受程度、营养方面、生产成本、最终产品的价格以及审批机制和标签规则等监管要求。尽管这些问题对推动整个细胞基食品领域的发展至关重要，但它们不在本书的讨论范围内，不过，这些问题可能是FAO和世卫组织未来磋商的主题。

此外，除了细胞基食品，还有一些其他的替代蛋白质来源，它们属于"新食品和生产系统"领域，这个领域正在快速增长，而且随着时间的推移，很可能会增长更快。这个类别下涵盖的一些比较突出的类目包括海藻、微藻、可食用昆虫、植物性蛋白质替代品和3D打印食品，这些潜在的替代食品蛋白质来源也不包括在本书的范围内。

5 本书组成

本书由从A到E的5个部分组成。**A部分**是介绍性章节，**B部分**包括三个技术性背景问题，即①术语；②生产过程；③监管框架。**C部分**提供三个国家的案例研究，分别来自以色列、卡塔尔和新加坡。**D部分**总结了专家咨询会议的结果，技术小组的专家和顾问在会上指出了细胞基食品生产的潜在食品安全危害。**E部分**探讨了未来的发展方向。

B 技术性背景问题

1 术语

1.1 简介

全球对动物源性蛋白质的需求不断增加，生态系统和生物多样性所面临的压力也随之加剧（FAO，2018）。畜牧业的扩张可能对气候变化、公共卫生等可持续发展目标构成威胁，因此需要在环境保护、食品安全和动物福利等各方面内进行权衡（FAO，2019；Henchion et al.，2021；OECD，2021）。这些因素推动全球各国开发更可持续的动物肉类生产方式的研究工作，同时关注于"蛋白质转型"的研究，即市场上部分动物蛋白质被替代性来源蛋白质所取代，如来自植物和微生物的蛋白质，以及体外生产的动物蛋白质（Aiking and de Boer，2020），从而满足全球不断增加的蛋白质需求量并确保粮食安全。

目前已可以在不屠宰动物的情况下生产动物蛋白替代品，其研发技术之一是通过大规模的体外培养动物细胞，然后将其加工成与传统肉类相似的产品。这种产品通常被称为"细胞基肉""培养肉"或"培育肉"，目前全球范围内有着多种不同的术语用于定义这种类型的产品。

虽然这一领域的研究自21世纪初以来一直在进行，但研发产品是在2013年才面向公众的，当时来自荷兰的研究人员在伦敦的一次新闻发布会上展示了第一款产品，并称其为"实验室培育的"牛肉汉堡（BBC News，2013）。2020年12月，所谓的"培养"鸡块在新加坡获得上市批准，成为第一款商业化的产品；这种鸡块包含培养的鸡肉和植物成分（Carrington，2020）。在过去几年中，动物源性食品替代品的生产技术一直在快速发展，使用范围更加广泛，自2013年以来，至少有76家公司在22个不同国家开发出类似的产品，如通过细胞培养技术生产的畜肉、禽肉、海鲜、乳制品和鸡蛋等（Byrne，2021）。

鉴于细胞基食品生产过程和产品的新颖性，保证其食用安全性是营养学家、食品技术专家、主管部门和消费者关注的主要问题之一。此外，国家主管部门还必须考虑与这些产品有关的各种社会经济问题，包括消费者的偏好、接受程度、伦理问题、生产成本、贸易问题和市场价格。当需要为这些产品贴上明确的标签或由主管部门进行特别授权程序时，则需要调整或采用全新且适用的监管框架，因为这些产品可能随时通过电子商务等方式进入市场或进口。

为了讨论关于细胞基食品生产的相关技术问题，必须使用所有利益相关方都能接受的术语。术语和标签也是向消费者传达信息的一种重要且最为直接的方式（FAO，2021）。然而，目前在科学文献和公共宣传中，这些产品存在着许多不同的术语和标签，可能会造成混淆。因此，重要的是要对这些术语及其目前的用法、框架和法律后果进行梳理，以便全球各国对所用术语达成共识。这也将有助于更好地理解这一领域，并鼓励世界各国对细胞基食品进行进一步的讨论。

为了协助联合国粮食及农业组织（FAO）提供科学建议，必须使用明确的术语来描述动物细胞基食品生产的相关过程、相关技术、工艺和产品。本章通过对现有的科学文献以及非科学报告和公共交流信息进行系统的盘点，重点介绍了不同领域使用的术语，并描述了相关问题。这一概述采用了系统综述的方法，不包括任何基于政治因素或偏见性内容。本章的目的不是定义相关的术语，而是简单地收集现有的术语并加以分析，以便相关专家和国家层面的政策制定者可以将此概述作为参考，做出知情决定。

1.2 文献综述结果

1.2.1 在各种文献中发现的修饰语

表1提供了细胞基食品（如细胞基肉制品和海鲜制品）的同义词清单，以及不同专业领域对这些同义词的使用情况，该清单综合了数项对术语修饰语部分（如"培养的"）的看法、接受度和消费者偏好及行业调研结果。

表1 动物"细胞基"食品修饰语的同义词及其在不同专业领域的常用情况

修饰语[①]	领域			
	主管部门	行业和生产商	学术界	媒体
无动物（animal-free）			✓	✓
人造（artificial）			✓	✓
细胞基（cell-based）	✓	✓		
细胞培育的（cell-cultivated）[②]			✓	
细胞培养的（cell-cultured）	✓	✓		✓
细胞的（cellular）			✓	✓

（续）

修饰语[1]	领域			
	主管部门	行业和生产商	学术界	媒体
干净（clean）		✓		✓
人道的（cruelty-free）				✓
培育的（cultivated）	✓	✓	✓	✓
培养的（cultured）	✓	✓	✓	✓
伪造（fake）			✓	✓
科学肉（Frankenmeat）				✓
健康的（healthy）		✓		✓
仿制（imitation）				✓
体外培养（*in vitro*）			✓	✓
实验室培育（lab-grown）			✓	✓
制成（made）				✓
肉类2.0[3]				✓
实验室培养肉片				✓
免屠宰				✓
合成			✓	✓
试管				✓
大桶培育				✓

资料来源：作者自己的阐述。

①基于从文献检索、灰色文献（非公开文献）和媒体渠道收集的科学文章。

② Hallman, W. K.、Hallman, W. K. II和Hallman E. E.。2021。细胞基，细胞培养的，细胞培育的，培养的或培育的。用动物细胞制成的畜禽肉和海鲜食品的最佳名称是什么？ https://www.biorxiv.org

③肉类2.0是一个专业术语，用于涵盖"细胞基"肉类，但也包括基于植物和微生物的肉类替代品。

1.2.2 主管部门使用的修饰语术语

政府主管部门对术语的使用通常要通过法律的认可。除新加坡和欧盟等地区外，大多数国家的监管机构还没有明确细胞基食品属于哪些现行法律管理，以及应使用哪些具体术语来标识细胞基食品。截至2022年2月，新加坡食品局（SFA）是唯一在其"新型食品安全评估要求"文件中对细胞基食品实施具体规定的监管机构（SFA，2021a）。该文件使用了"培养"肉这一术语，但这不是唯一允许的术语，因为SFA表示产品包装标签将要求使用限定术语，向消费者明确传达"培养"肉食品的性质，以便他们做出知情选择。这些术语还可能包括"培养""培育"和"细胞基"等（SFA，2021b）。新加坡还发布了通用食品标签指南，建议不要使用会对其他食品的安全性产生质疑或暗示某种食品比其他类似食品更安全的说法，这些规定也适用于细胞基食品（SFA，2021a）。

在美国，美国农业部（USDA）的食品安全与检验局（FSIS）于2021年9月发布了一份拟议规则制定的预先通知（ANPR），呼吁对"由来自动物的培养细胞构成或含有这些细胞的畜肉和禽肉产品的标签"发表意见（USDA，2021）。同样，美国食品药品监督管理局（US FDA）拥有对培养鱼类和海鲜细胞产品的标签管辖权，在2020年10月发布了一份"信息征询"，呼吁对"由培养海鲜细胞组成或含有培养海鲜细胞的食品的标签"发表意见（FDA，2020）。FDA打算使用征询到的信息和数据，来确定该机构在必要时应采取什么措施，以确保这些食品能够使用适当的标签。FSIS和FDA已经同意制定产品标签和声明的联合原则，以确保产品标签的一致性和透明度。尽管FSIS的拟议规则制定的预先通知（ANPR）中使用了"培养"肉这一术语，但美国政府部门仍在制定拟允许使用的食品标签，未来使用的术语尚未确定。还有一点值得考虑的是，政府部门的标签法规可能倾向于能描述食品生产过程的术语。

1.2.3 行业和生产商使用的修饰语术语

2021年9月，某工作组对全球44家细胞基食品公司的首席执行官（CEO）进行了调查，了解他们对产品命名的偏好。他们发现75%的公司使用修饰语"培育"，20%的公司使用"培养"肉，还有一家公司（约占2%）使用"细胞基"。这些受访的首席执行官似乎都表明了一个共同的观点，即使用"培育的"可以使我们的产品与其他产品区分开来，吸引消费者且便于对消费者进行宣传。因此，使用"培育"这一修饰语可能是行业一致的观点（Byrne，2021）。这项调查表明，自2020年的一项研究以来，采用"培育"一词的情况有所增加，该研究发现45%的细胞基食品行业的相关网站和宣传材料中使用了这个词。这一调查结果符合美国"培养"肉类行业贸易团体——美国畜肉、禽肉和海产品创新协会（AMPS）关于使用"培养""培育"或"细胞基"的建议，也符合细胞基肉类行业根据Szejda等人的消费者研究结果提出的建议（Szejda et al.，2019）。在召开各种利益相关方会议并进行分析后，研究者和利益相关者选择了"培育"肉这一术语来推进。作为一种宣传方式，他们将培育肉与在温室中种植植物进行了类比。

此外，使用与培育有关的用词，如"培育器"表示细胞生长的反应容器，是为了让人们了解肉类培育的概念（Szejda et al.，2019）而扩展出的用法。需要特别指出的是，行业使用或偏爱的术语会发生变化，这就需要统一行业使用的术语，而这有赖于政府部门对特定术语的法律核准。

1.2.4　学术研究中使用的修饰语术语

科学界使用各种各样的术语（**表**1）。然而，还没有研究分析科学家之间首选的修饰语术语，也还没有就公认术语达成共识。根据2013—2022年从该主题的文献检索中收集到的科学文章（$N^{①}$＝144），发现使用最多的术语是"培养的"（N＝43）和"细胞基"（N＝27），其次是"体外培养"（N＝17）、"人造"（N＝11）和"细胞"（N＝10），其他的修饰术语似乎不太常用（**图**1）。

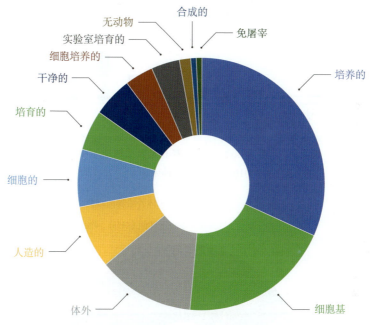

图1　"细胞基"肉类修饰语的同义词的使用比例

资料来源：作者自己的阐述。

注：从2013—2021年的文献检索中收集的科学文章标题中使用的术语（如表1所述）。

1.2.5　媒体和其他渠道使用的修饰语术语

经由网站English-Corpora.org使用网络新闻语料库（Davies，2016），研究者搜索了大量的文本，以验证2010—2021年"细胞基"肉类术语在媒体中被提及的频率（**图**2）。结果表明，在过去10年中，媒体对"细胞基"肉类发展的报道明显增加（**图**2a），并使用了各种各样的同义词（**图**2b和**表**1）。自2010年以来，最经常使用的术语包括，"培养的"（30%）、"实验室培育的"

---

①　N＝144指科学文章的数量（N）为144。

（19%）以及"假的"（14%）和"干净的"（9%）。需要指出的是，在过去几年中，媒体优先使用的术语发生了变化：在最初几年中，诸如"体外培养的""培养的"或"干净"肉等术语经常见于"培养"肉类的报道，而目前更常见的是"培育的"或"细胞基"肉类等其他术语（Southey，2021）。

图2a 2010—2021年各种术语的提及次数

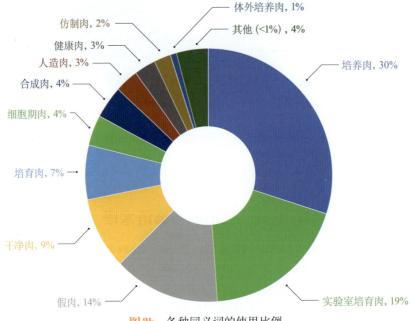

图2b 各种同义词的使用比例

资料来源：Davies, M.。2016。网络新闻语料库（NOW）。https://www.english-corpora.org/now

注："假肉"和"仿制肉"也被用于其他类型的肉类类似物；"健康肉"出现在许多不相关的语境中。

1.3 术语的影响

1.3.1 公众对修饰语术语的看法和接受程度

关于细胞基肉的接受程度和术语的影响的研究主要来自西方国家（美国、英国、欧盟），只有少数参与者来自世界其他地区（巴西、中国）。使用目前的检索策略没有找到用其他语言发表的研究。这些研究实际上是前瞻性的，因为在开展研究时相关产品还没有在市场上推出。由于"培养"鸡肉产品已经在新加坡上市并在餐馆销售，所以在新加坡有机会研究消费者真实的看法和接受程度。新加坡科学技术研究局也早在2019年就在当地媒体上发布了使用"培养肉"一词的文章，这有助于消费者熟悉有关"培养肉"的术语和技术。但新加坡作为一个高收入和高科技国家，拥有多元化种族人口，可能无法代表该地区其他国家的情况。

Bryant和Barnett（2019）在其研究的简介中概述了在科学文献和其他领域遇到的有关细胞基食品的各种术语。他们还指出了名称和标签的重要性，因为它们直接或间接地影响消费者对产品的看法和产品的吸引力。这些研究者还指出，某些广泛使用的名称，如"人造肉"或"合成肉"，可能间接地暗示了"天然肉"这一模糊且容易混淆的概念，使其与传统肉类联系起来。在同一研究中，作者更详细地分析了消费者对四个概念的看法："无动物"肉、"干净"肉、"培养"肉和"实验室培育"肉。在这项研究中，参与者（N=185）对"干净"肉的积极联想明显多于其他三个概念。此外，"干净"肉和"无动物"肉比"实验室培育"肉引发了更多的积极看法（Bryant and Barnett，2019）。事实上，负面的联想尤其出现在"实验室培育"肉上，而"干净"肉则与正面属性相关。然而，将产品称为"干净的"肉是有问题的，因为这意味着传统肉类在某种程度上是不干净的，这间接地引发了对传统肉类的负面联想，而这些负面联想往往是未经证实的。这些研究结果凸显了科学命名"细胞基"肉这一概念的重要性，旨在避免消费者产生负面认知并提升公众对此类食品的接受度。

Possidonio等人（2021）还指出，当修饰语"实验室培育"（而非细胞基肉的其他修饰语）被用于肉类而不是植物性肉类时，葡萄牙消费者将"培养"肉类的概念与负面属性联系起来，而不会把植物性肉类替代品的概念与负面属性联系起来。"实验室培育"肉也被认为是所有肉类替代品中可持续性最低、价格最高和热量值最高的。研究指出，单纯使用"实验室培育"这一表述容易引发消费者对工业化生产场景的联想。此外，消费者对"实验室培育"肉类的看法也受到产品呈现方式的影响。当术语与相应食品的图片（单独或在餐食中）相关联时，如"实验室培育"肉的图片被包含在餐食中，消费者对它的正面印象明显增加，这一观察结果也支持了上述观点（Possidonio et al.，2021）。

与Bryant和Barnett（2019）的研究结果相反，Krings等人（2022）将西方国家的消费者（他们是杂食者，但对新型食品技术有恐惧）对以"干净肉"为食材的菜肴的欢迎程度低于传统肉类菜肴的观点归因于他们认为"干净肉类"菜肴的安全性较低和其具有人造属性（Krings，Dhont and Hodson，2022）。这些研究表明，"细胞基"肉类概念的选择，以及"细胞基"肉类概念和产品的展示方式（如术语单独出现或与产品一起可视化呈现）对消费者的感知有影响。

在巴西，多家大型肉类生产公司已表示计划在未来几年内开发和销售细胞基肉。但针对细胞培养肉的审批与标识法规仍有待食品安全风险评估研究结果的最终确定后方能建立（Costa，2022）。葡萄牙语区消费者调研数据显示，相当一部分（>34%）巴西受访者愿意购买细胞基肉（Bryant and Krelling，2021；Forte Maiolino Molento et al.，2021）。不过，当被问及是否会购买"细胞农业培育的肉"时，不同年龄段和来自巴西不同城市地区的受访者之间存在差异（Forte Maiolino Molento et al.，2021）。另一项研究中，在向受访者展示了细胞基肉的四种不同名称中的一种后，受访者认为与"培育肉""细胞基肉"和"免屠宰肉"相比，"干净肉"的描述性更差，与传统肉和植物性替代品的区别也更小（Bryant and Krelling，2021）。要指出的是，这两项研究都是以葡萄牙语对英语修饰语进行翻译的。Bryant等人（2019）在中国消费者中做了一个预先测试，对普通话中细胞基肉的各种潜在名称的吸引力和描述性进行排名。根据得出的结果，作者选择了"纯净肉"（类似于"干净肉"）这一术语，用于在调查中进一步研究消费者的看法。

1.3.2　语言障碍和翻译问题

对于某些术语的使用，可能存在特定语言的认知障碍。英语术语直译既可能无法准确传达原意，也可能因译词不为人熟知或带有负面含义而产生问题。例如，在日本的一项消费者调查中，一些受访者表示不喜欢将"培养"肉翻译成日语（Baiyo-niku）（CAIC，2021）。

在另一项对德国社会各阶层的研究调查中，展示了十个与细胞基肉有关的术语，其中"直接肉"（德语为Direktfleisch）在吸引力、准确性和明确区分方面得分最高。然而，由于该术语与目前使用的英文同义词不符，而且在行业利益相关者中的接受度较低，因此被排除在进一步研究之外（Janat et al.，2020）。在其他语言中也可能存在对特定术语感知方面的类似问题，故在应用术语前应进行评估。

Bryant 等人（2019）采用了将培养肉类相关术语和研究问卷从英文回译为普通话的方法，以实现意义的等同。回译第一步需要由一个双语人士将问卷翻译成目标语言。随后，由另一位不了解原文的双语人士将该译文回译为源语言。然后可以对原文和第二份译文进行比较。这样任何含糊不清和不一致的地方都可以呈现出来，并据此对文本进行相应的修改和完善（Jones，1998）。

1.3.3 适合目的的修饰语术语

Hallman 和 Hallman（2020）在他们对"培养"海产品的可能命名的研究中扩展了 Bryant 和 Barnett（2019）的发现。他们注意到过去的消费者研究集中在肉类上，但"培养"海产品类别也处于高速发展的阶段。此外，以往研究尚未探讨"养殖"产品与传统产品之间的可区分性。就海鲜而言，目前已需要对养殖海鲜与野生捕捞海鲜产品进行区分，而"养殖"海鲜这一术语如今也需要进一步明确其范畴。

作者对细胞基食品的命名提出了三项附加要求，即：①从消费者的角度来看是合适的；②不贬低某一类或任何其他类别的食品；③不引发与"培养"海产品是安全、健康和营养的相反的观点。所选择的术语不仅要能修饰海鲜，还要能修饰禽肉和畜肉。调查中还使用了另外三个短语，包括"使用细胞水产养殖法生产"、"从……的细胞中培养"和"直接从……的细胞中生长"（Hallman and Hallman，2020）。

所有使用"细胞"一词的概念都被最准确地指称既不是农场养殖的，也不是在野外捕获的，而且在消费者的接受程度上也明显低于传统产品（Hallman and Hallman，2020）。使用的所有概念都同样被指称对海产品过敏的人不能食用的产品。短语"从……的细胞中培养"和"直接从……的细胞中生长"被最准确地指称为不是"海洋捕捞的"或"农场养殖的"。与其他概念相比，它们让人也不太有食欲（17% ～ 18% 对 26%），并且引起的初始反应最消极。与其他几个概念相比，参与者认为标有这两个短语的产品不太美味，吃起来也不太安全。他们还认为标有"细胞培养"和"从……的细胞中培养"的产品比传统养殖和野生捕捞的海产品的营养价值低（Hallman and Hallman，2020）。作者放弃了"培育的""培养的"和"用细胞水产养殖生产的"，因为这些描述语容易被误认为是来自传统的水产农场养殖，即广为人知的水产养殖法。他们还放弃了"从……的细胞中培养"和"直接从……的细胞中生长"等描述语，因为对这些概念的反应是负面的，并与转基因联系到一起。调查参与者对剩下的两个概念"细胞基"和"细胞培养的"表达了初步的积极反应。虽然这两个概念在很多方面都表现良好，但在对产品的营养价值和口感的感受、购买意向和对儿童的消费建议方面，"细胞基"比"细胞培养的"表现更好。

作者得出结论,"细胞基"符合所有标准,是产品描述的理想名称(Hallman and Hallman,2020)。

在后续的一项研究中,作者以一群美国消费者为受访者,以更集中的方式比较了"细胞基"和"细胞培养的"这两个选定的术语(Hallman and Hallman,2021)。参与者($N=1\,200$)被展示了虚构的三文鱼替代产品包装袋示意图。袋子的正面有一张三文鱼片的图片(建议食用方法),大字体为产品名称"大西洋三文鱼片",其下左边袋子以较小的字体标明是"细胞基"海产品,右边袋子则标明是"细胞培养的"海产品,再下则是营养成分表及储存建议和产品重量(图3)。

图3 研究中向参与者展示的产品包装

资料来源:Hallman,W. K.和Hallman,W. K.,Ⅱ。2021。比较以"细胞基"和"细胞培养的"作为适当的通用或常用名称来标记由鱼的细胞制成的产品。食品科学杂志,86(9):3798-3809。dx.doi.org/10.1111/1750-3841.15860

结果证实了之前的研究,许多参与者正确地识别出这两种产品不是来自养殖厂或野生捕捞的鱼,而且对它们过敏的人不应该食用它们。在其余不正确的指称中,"细胞培养的"比"细胞基"更频繁地与养殖的产品联系在一起,对于海洋捕捞鱼类也是如此。此外,许多参与者正确地认为这两种产品都来自三文鱼细胞。对"细胞基"的初始、后续和总体反应比对"细胞培养的"更积极。标示这两个概念的产品在某些方面给人的印象同样积极：消费者认为食用比较安全、营养适中、口感略好、既非天然也非人工的。相比"细胞基"，标示"细胞培养的"更多地与转基因联系在一起，同时标示"细胞基"产品的购买和品尝意愿略高于"细胞培养的"产品（Hallman and Hallman，2021）。

Ong等人（2020）也研究了"细胞基"肉类这一术语，回顾了这些产品不断演进的生产和监管格局。在命名方面，他们考虑了增加意味着可食用性、健康性、可持续性和不涉及动物的额外术语的可能性。就可食用性而言，所使用的成分和生产过程应被证明是安全的，各种声明和标签规则以及准则可以用于支持健康性、可持续性和不虐待动物的声明。关于健康性，根据不同的监管框架，只要能提供证据支持这些声明，就可以允许标示这些声明。作者认为，"无动物"的说法可能仍有争议，尽管使用永生化细胞系可以进一步减少对动物的依赖，在生产培养基中避免使用动物来源的添加剂也是这个目的，然而在初始阶段仍将使用动物细胞作为供体（Ong et al.，2020）。

Szejda等人（2019）与几家细胞基食品公司合作，进行了一项研究，一组观察小组（$N=27$）讨论了向他们展示的"培养"肉的叙述，随后又对细分的消费者群体（喜好者、怀疑者、反对者）进行了研究，得出以下结论："培育"肉和"培养"肉这两个概念最有吸引力，并且具有中等程度的描述性。"细胞基"和"细胞培养的"只是有点吸引力，但在描述性方面得分较高，具有中等到非常好程度的描述性。修饰语"培育的""培养的"和"细胞基"与传统肉类有中度和中度到非常大程度的区分性。该研究认为，考虑到吸引力、中立性和描述性方面的标准，"培育的"一词在较多调查对象中产生的反应是积极的。

1.3.4 对术语的其他考虑

过敏原标签

产品名词，如"培养的三文鱼"这一词语搭配中的"三文鱼"，可能会给对同一动物物种（如本案例中的三文鱼）的传统形式产品过敏的患者传递重要信息。重要的是要确保修饰语不会掩盖这一点，比如"细胞基人造三文鱼产品"这个例子就存在掩盖的可能性（Lamb，2018）。

此外，考虑采用适当的过敏原标签也很重要，因为细胞基食品可能与传统的同类产品具有相同水平的过敏反应风险（Hallman and Hallman，2020）。这将需要申明可能导致过敏的成分（在产品标签上列出），如鸡蛋、甲壳类动物、鱼类和奶类（Codex Alimentarius，2018）。例如，这些成分可能必须用粗体字突出显示，以便消费者在阅读产品标签时一目了然。

监管框架中的商品术语

虽然该术语没有国际统一的定义，也没有规定对任何术语的使用有限制，但许多国家对使用"肉类""鸡肉""鱼类""牛奶"等商品术语可能存在明显的限制。在某些司法管辖区（如欧盟），细胞基食品可被视为"新型食品"，这可能对所使用的术语提出额外要求，也提供了一个定义术语的机会，因为"肉类"的某些监管要求可能不适用于这类产品（Seehafer and Bartels，2019）。在美国，关于源自动物细胞的畜肉类和禽肉类产品标签规则的监管部门新法规正在协商中，即通过所谓的"拟议规则制定的预先通知（ANPR）"程序（USDA，2021）。

虽然ANPR主要涉及的是监管和安全性问题，但也需关注产品命名对消费者接受度和理解准确性影响的科学研究指出的多方面因素。

"细胞农业"这一术语

截至2022年2月，科学界、行业和媒体都在使用几个术语，如"细胞农业""细胞基食品技术""细胞基技术"和"细胞基食品生产"。这些术语的使用目前是由最终用户决定的，还没有对不同社会或专业群体对替代术语的看法和接受程度进行过研究。

术语"细胞农业"被许多利益相关者使用，它表示可用于制造无细胞或细胞产品的生产方法，其中无细胞产品是由蛋白质和脂肪等有机分子制成，最终产品中不包含细胞或活体材料，而细胞产品由活体或曾经的活体细胞制成。例如，无细胞的动物源性食品（如牛奶蛋白或明胶）是在没有动物的情况下通过使用酵母或细菌等微生物发酵（通常被称为精密发酵）生产的。相比之下，

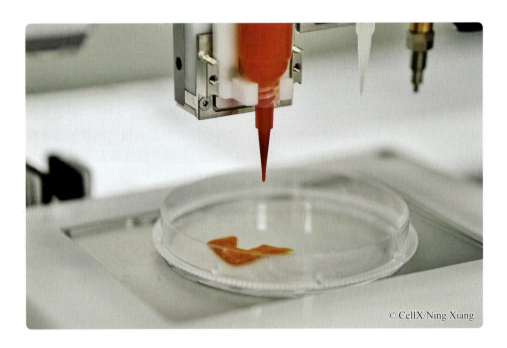

© CellX/Ning Xiang

细胞产品是通过在体外培养来自特定动物物种和组织类型的细胞，然后将细胞组装在支架上，形成组织样结构，并进一步加工成产品而形成的（Rischer，Szilvay and Oksman-Caldentey，2020）。该术语的使用在各种资料中也有记载（CAIC，2021）。

但应该注意到，对科学界来说，"细胞农业"一词不仅包括细胞基食品的生产，还包括利用各种宿主生物（动物、植物、微生物）的细胞培养物，而不是通过养殖的动物或作物来生产农业食品的方式（Mattick，2018；Rischer，Szilvay and Oksman-Caldentey，2020）。

表2提供了各种研究的摘要，详细分析了术语对消费者关于细胞基肉制品看法的影响。结果显示，"培育的"在5项研究中是首选的修饰语，而"培养的"和"细胞基"在不同的研究中两次成为首选，"干净的"在一项研究中成为首选。

表2　关于细胞基食品的修饰语术语、其使用偏好和相关属性的研究

领域/社会群体	国家（地区）	术语偏好	偏好(%)或最佳感知/接受度	研究设计	参考资料
消费者细胞基食品行业非营利性倡导者	美国	培育的(cultivated)	基于调查的消费者及相关公司和协会的偏好　吸引力："培育的"和"培养的"比"细胞基"和"细胞培养的"更有吸引力　描述性："细胞基"和"细胞培养的"比"培育的"和"培养的"更具描述性　与传统肉类的区分："培育的""细胞基"和"培养的"具有中度区分性，而"细胞培养的"具有中度到非常大程度的区分性　所有术语都具有中等程度的区分性	混合方法消费者调查和观察小组 (N=27)　大学生：参与者表达了各种不同的政治观点，偏向于年轻（大都是18～21岁），大多数是女性(59%)，大多数是杂食者	(Szejda，2019) 调查报告

（续）

领域/社会群体	国家（地区）	术语偏好	偏好（%）或最佳感知/接受度	研究设计	参考资料
消费者	美国	干净的（clean）	"干净肉"比"无动物""培养的"或"实验室培育的"显示出更多的积极关联 与"实验室培育肉"相比，"干净肉"和"无动物肉"也引发了更多积极的态度，并且"干净肉"引发了更多积极的意向行为	受试者间设计（N=185） 参与者对4个产品名称的感知评估：①"培养肉"；②"干净肉"；③"实验室培育肉"；④"无动物肉" 参与者是通过亚马逊MTurk（在线平台）招募的，57.8%为男性，42.2%为女性，年龄在20～68岁 [平均值=34.86，标准差（SD）=10.38]。国别没有记录，但75%的MTurk工作者在美国	（Bryant and Barnett，2019）科学文章
细胞基食品行业	全球范围内	培育的（cultivated）培养的（cultured）	75%的人偏好 20%的人偏好	研究调查——调研了49家公司的CEO	（Friedrich，2021）投票报告
细胞基食品行业	全球范围内	培育的（cultivated）培养的（cultured）细胞基（cell-based）细胞培养的（cell-cultured）	37%的人偏好 25%的人偏好 18%的人偏好 7%的人偏好	针对所有已知的培育肉类初创公司的网站、LinkedIn简介和媒体声明的分析	（Byrne，2021）调查报告
细胞基食品行业	美国	培育的（cultivated）细胞基（cell-based）	首选术语——中立且科学上准确，与"植物性蛋白质"和"动物性肉类"明确区分	AMPS创新成员公司的声明	（AMPS，2022）意见

（续）

领域/社会群体	国家（地区）	术语偏好	偏好（%）或最佳感知/接受度	研究设计	参考资料
消费者	美国	细胞基（cell-based）	就清晰度、看法和接受度而言"细胞基"是最佳术语 对"细胞基海产品""细胞培养的海产品""培育的海产品"和"培养的海产品"进行了比较	受试者之间的在线实验（$N=3\,186$） 研究参与者是从一个基于网络的消费者小组中招募的，该小组在美国有超过320万的活跃注册成员。该实验于2020年进行，为期18天。总共有8\,485名随机选择的E-rewards小组成员收到了参与研究的电子邮件邀请 人口统计信息（教育水平、出生年份、民族、种族和性别）被用来产生一个与2010年美国人口普查数据平衡的样本	(Hallman and Hallman, 2020)科学文章
消费者	美国	细胞基（cell-based）	对"细胞基"与"细胞培养的海产品"进行了比较	两组受试者间设计（$N=1\,200$） 数据收集于2020年 研究参与者包括从YouGov.com网络消费者小组招募的美国成年消费者（18岁及以上）。挑选了1\,600名参与者作为样本，来生成最终的数据集，该样本与2018年美国社区调查得出的抽样框架相匹配。在这1\,600名参与者中，有1\,200人被随机分配到两个实验情形中。共有591名参与者观看了展示有"细胞基海产品"的包装，609人观看了展示有"细胞培养的海产品"的包装 实验的中位长度为11.8分钟。与人口普查数据一致，1\,200名参与者中51.3%是女性。平均年龄为47.41岁，$SD=17.69$	(Hallman and Hallman, 2021)科学文章

（续）

领域/社会群体	国家（地区）	术语偏好	偏好（%）或最佳感知/接受度	研究设计	参考资料
消费者	英国和美国	培育的（cultivated）培养的（cultured）	社交环境和产品包装的首选术语，被认为更具吸引力。这两个术语被认为是非常相似的 "细胞基"和"细胞培养的"不是首选术语，但被认为更具描述性。这两个术语也被认为是非常相似的	调查和实验——（美国 $N=2\,292$，英国 $N=2\,270$）抽样方案与18～74岁的成年人口相匹配，通过交错的性别和年龄组来匹配代际群体。美国的地理区域和种族/民族配额，以及英国的区域配额均已考虑在内	(Szejda, 2021) 调查报告
消费者	葡萄牙	不适用	在八种不同食品间的比较中只包括"实验室培育"一词：红肉和白肉、鱼和海产品、昆虫、豆类、豆腐、面筋和实验室培育的肉。"实验室培育的"肉被负面地认为是所有肉类替代品中最不天然和加工程度最高的，让人联想到健康风险和人造因素，而且被认为是最不可持续和最昂贵的	研究1（$N=138$）——参与者58.1%为女性，年龄在18～52岁（中位年龄=26.77，$SD=8.89$）。半数以上（58.9%）拥有高等教育学位（学士、硕士或博士），38.8%完成了中学教育，2.3%完成了小学教育。大多数参与者在他们的饮食中包括动物产品（肉或鱼）（82.8%），3.7%遵循素食饮食，6%遵循纯素饮食；7.5%报告有"其他"饮食取向 研究2（$N=285$）——参与者（68%为女性）年龄为18～66岁（$M=30.21$，$SD=10.19$）。半数以上（56.8%）拥有高等教育学位（学士、硕士或博士），41.1%完成了中学教育，2.1%完成了小学教育。大多数参与者是就业者（60.4%）或学生（22.1%）。大多数参与者在他们的饮食中包括肉类或鱼类（59.6%），15.1%遵循素食，21.1%为纯素食，4.2%报告有"其他"饮食取向。平均而言，参与者主要生活在城市地区	(Possidonio et al., 2021) 科学文章

（续）

领域 / 社会群体	国家（地区）	术语偏好	偏好 (%) 或最佳感知 / 接受度	研究设计	参考资料
消费者	欧盟、英国、美国	细胞基	对"干净肉"标签的评价是负面的。作者提到，之所以选择"干净肉"一词，是因为与"培养"、"体外培养"或"实验室培育"肉等其他标签相比，它往往与对产品的更积极评价相关联。因此，使用了一个更积极的标签来避免仅由标签引起的强烈的负面效应 杂食者对贴有"干净肉"标签的菜肴图像的评价比对贴有"普通肉"标签的菜肴图像的评价更消极。以"干净肉"为食材的菜肴被认为在安全性和天然性方面较低	实验1——参与者 (N=270) 通过众包平台Prolific招募，并获得经济酬劳。只有杂食者被留下来。样本包括54.9% 的男性和45.1%的女性，平均年龄为30.42岁（SD年龄 = 10.95）。大多数参与者来自欧盟（45.3%）、英国（27.9%）或美国（11.4%） 实验2——参与者 (N=626) 是通过社交媒体上的机会抽样方式招募的，没有得到任何经济酬劳。只留下了杂食者和纯素食者。样本包括21.8%的男性和78.2%的女性，平均年龄为36.41岁（SD年龄=16.41）。在这个样本中，455人是杂食者（74.7%为女性；中位年龄=37.47岁，SD年龄=17.07），171人是纯素食者（87.8%为女性；中位年龄=33.35岁；SD年龄=14.45）。没有询问参与者的国籍 实验3——参与者 (N=273) 是通过众包平台Prolific招募的，并获得经济酬劳。只有杂食者被留下来。样本包括56.1%的男性和43.9%的女性，平均年龄为28.19岁（SD年龄=9.36）。大多数参与者来自欧盟（57.4%）、英国（18.7%）和美国（6.7%）	(Krings, Dhont and Hodson, 2022) 科学文章

1.4 讨论

总的来说，通过对科学文献和灰色文献的检索，"细胞基""培育的"和"培养的"是消费者、行业和主管部门使用或首选的三个主要术语。这些术语在科学出版物中也是常用的，但在科学领域的许多案例中也可以发现更宽泛的术语，包括在技术发展早期使用较多的"体外培养""人造"和"干净"等术语。然而，行业内更倾向于使用"培养的""培育的"或"细胞基"，而媒体则使用更多样化的术语，包括但不限于"培养的""实验室培育的""假的""干净的""培育的"或"细胞基"。

至于消费者，只有为数不多的国家进行的几项设计良好的定量研究涉及了不同术语的适当性和相关的消费者感知和接受度问题。此外，这些研究中分析和比较的并不总是同一组术语。消费者研究表明，尽管存在上述限制，"培育的"一词通常被认为是最有吸引力的，而"培养的""细胞基"和"干净的"等词的吸引力较小。这些研究并不总是针对这四个术语来测试其表达清晰度的。

我们建议国家主管部门从早期阶段开始，就建立符合其国家和语言背景的明确和一致的术语，从而减少未来在这一问题上可能出现的误解。如果英语是要使用的语言，根据现有的数据和消费者研究，潜在的候选词是"细胞基（cell-based）""培育的（cultivated）"或"培养的（cultured）"，具体使用何者可能要考虑目标受众以及这些术语的特定语言关联。需要特别指出的是，"培养的"和"培育的"在用于细胞基海产品时可能被错误地理解，因为这两个术语都可能被认为与"养殖的鱼"有关（Hallman and Hallman，2020）。此外，美国联邦机构使用"培育的"一词来指称养殖的贝类。要使术语不针对特定商品，可以采用"细胞基"，如细胞基食物、细胞基食品或细胞基食品生产，而"培育的"和"培养的"很可能需要后跟商品名称，如肉、鸡、鱼等。

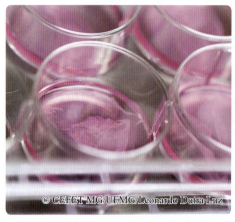

© CEFET MG/UFMG/Leonardo Dutra Luz

©粮农组织/Oded Antman

2 对生产过程的一般理解

2.1 简介

食品安全是实现食品保障的一个基本要素，无论食品是如何生产的，消费者都希望所有食品都能安全食用。虽然在整个食品安全保障中涉及多种步骤，但确保食品安全的第一个实际且重要的步骤是识别出食品生产链中的潜在危害，以便进一步评估有关的风险并采取措施来减少或减轻任何不利的健康影响。

细胞基食品的生产包括动物细胞或微生物细胞的体外培养，并用于生产动物或植物产品的类似物（如动物组织或特定的动物或植物蛋白质和脂肪），其营养特性与传统生产的成分相当。这一领域的技术正在迅速发展，各种类型的细胞基食品大规模生产即将出现。这些技术有可能在满足全球对动物来源的蛋白质日益增长的需求方面发挥重要作用（Henchion et al.，2021），并在所谓的"蛋白质转型"中提供更可持续的动物蛋白质生产方式（Aiking and de Boer，2020）。

因此，很重要的是，要将目前与商业化食品同样水平的食品安全保障应用于动物细胞基食品，为了做到这一点，首先要了解细胞基食品的生产过程，才能为食品安全危害识别做好准备。为此，本章的目的是概述现有文献，以使读者对动物细胞基食品的相关技术和生产工艺以及潜在的食品安全危害和相关问题有一个总体的了解。

基于动物细胞的食品生产可以采用多种细胞来启动生产过程，以从家禽、牛、猪肉、鱼（如三文鱼和金枪鱼）、狩猎动物（如袋鼠和鹌鹑）、虾、蟹和龙虾的全动物细胞中开发蛋白质、脂肪或组织等细胞产品（Hong et al.，2021；Miller，2020）。每种细胞基食品的具体生产过程可能有很大的不同。因此，本章主要关注大多数动物细胞基食品的生产链所共有的工艺，所以本章可被理解为对一般生产工艺步骤的主要特征以及相关的潜在食品安全危害或关键点的概述。此外，由于粮农组织的目的是向有关主管部门，特别是中低收入国家的主管部门提供科学信息，因此重点考虑到了知识、资源和能力有限的国家的需求。

23

2.2 文献综述结果

2.2.1 动物细胞基食品生产的一般过程

动物细胞基食品的生产过程可能因使用的细胞系类型（家畜、家禽、鱼类或海产品）和最终产品的性质（如汉堡、牛排或肉块）而有很大不同。尽管如此，一般过程包括四个关键的生产阶段：①目标组织或细胞的选择、分离、制备和储存；②大规模生物质生产过程中的细胞增殖和可能的细胞分化；③组织或细胞收获；④食品的加工和配方（Ong et al.，2021）。根据商品种类和所需的最终产品，这些阶段中的每个阶段都可以有不同的子步骤来完成特定的阶段。为了呈现对生产过程的概括性理解，**插文1**中总结了常见的细胞基食品生产过程的概况。

插文 1　细胞基食品生产过程概况

资料来源：FAO。2022。《思考食品安全的未来：前瞻报告》。罗马。www.fao.org/3/cb8667en./cb8667enpdf

2.2.2 细胞选择——来源、储存、分离和制备

细胞来源

生产细胞基食品首先要选择所需的细胞来源（家畜、家禽、野生动物、鱼类、海产品）和细胞类型（如未分化干细胞、肌肉前体细胞、成纤维细胞或脂肪干细胞），用于开发最终产品。可以通过从活体或屠宰的动物身上取活组织来获得小的组织样本，之后可以分离获得所需的细胞类型，并将其直接或重编程后进行体外培养。重要的是在取活体样本之前，要确认动物的健康状况。用于细胞基食品生产的细胞的案例包括胚胎干细胞，即位于囊胚内的多能细胞，具有无限的自我更新能力和分化为任何体细胞类型的能力；诱导多能干

细胞（iPSC），即来自重编程的成体干细胞，恢复了分化为体内任何细胞类型的能力；间质干细胞或成体干细胞，如肌卫星细胞（Ben-Arye and Levenberg，2019；Ong et al.，2021；Reiss，Robertson and Suzuki，2021）。对于一些产品，可能会使用从特定器官组织中新鲜分离出来并在体外保持生长的原代细胞系，大多数鱼类细胞系都是如此，因为它们不容易从细胞培养物中获得（Rubio et al.，2019）。间充质干细胞可以很容易地从骨髓或脂肪组织中获得，而肌肉前体细胞则来自肌肉。

细胞分离

从活检中获得的组织被外植（一种将样品黏附在板上的方法，促使细胞迁移到培养表面），或通过机械和酶解进一步处理，分离出细胞。例如肌肉细胞的分离即采用酶解法使用胰蛋白酶或胶原酶等酶类来分离肌肉样品中的细胞（见**图4**和**插文2**）。一般来说，使用消化酶可以在不损害细胞的情况下从大块肌肉中分离出肌肉干细胞，尽管可能会发生一些细胞表面抗原的消化。与所有分离方法一样，它也存在被其他类型的细胞污染的风险。因此，有必要采用补充方法，从这些初始提取物中进一步纯化肌肉干细胞。在这方面已获得成功的方法可能成本很高（尽管在生产过程的总体成本中可以忽略不计），包括选择性铺板、差异性黏附、基于细胞松弛素-B将肌源细胞从成肌细胞培养物中分离（Choi et al.，2021），使用带有细胞特异性抗体的磁珠或荧光激活细胞分选

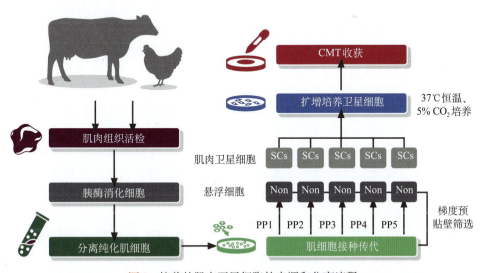

图4 培养的肌肉卫星细胞的来源和分离流程

资料来源：Joo, S.T.、Choi, J.S.、Hur, S.J.、Kim, G.D.、Kim, C.J.、Lee, E.Y.、Bakhsh, A. 等。2022。鸡与牛肌肉卫星细胞培养肉风味特征的比较研究。食品科学与动物资源，42（1）：175-185。10.5851/kosfa.2021.e72

（FACS）捕获细胞（Post et al.，2020；Rubio et al.，2019），或Percoll密度梯度离心。因此，开发可用于工业规模生产的替代板吸附预处理的方法可能很重要（Guan et al.，2021）。图4显示了从家畜和家禽中分离肌肉卫星细胞用于培养肌肉组织（cultured muscle tissue，CMT）生产的一般方案。根据所需的细胞类型，可能适用特定的细胞分离程序；因此，插文2和插文3中提供了两个案例（分别为家畜和家禽），以说明不同的细胞来源和分离过程。其他细胞类型也有详细的分离程序，如脂肪来源的干细胞（Lu et al.，2014；Sampaio et al.，2015）、间充质干细胞（Feyen et al.，2016；Vassiliev and Nottle，2013）或成纤维细胞（Park et al.，2022）。对于来源于鱼类或海鲜的细胞，目前尚未有公开的方案。

插文2　鸡和牛肌肉卫星细胞的细胞来源和分离

培养肌肉卫星细胞分离的流程图见图4。

细胞来源

骨骼肌样品来自4～6周大的肉鸡或24～27个月大的阉牛。动物按照批准的人道方法被安乐死。屠宰后立即从尸体上取下几小块鸡的胸大肌和牛的股二头肌。采集的肌肉块用70%的乙醇消毒，放在含有3%抗生素-抗霉菌剂（含青霉素、链霉素和两性霉素B）的Hanks'平衡盐溶液中，并运到细胞培养实验室。在干净的工作台上，用70%的乙醇清洗肌肉块，然后放入培养皿中。每块肌肉组织用4倍体积的冷磷酸盐缓盐水（PBS）冲洗3～5次，然后去除可见的脂肪和结缔组织。在喷洒0.25%的胰蛋白酶-EDTA后，用剪刀将肌肉组织剪成非常小的碎块。将肌肉组织切碎，取出4克切碎的肌肉并加入5倍体积的0.25%胰蛋白酶-EDTA。将肌肉组织转移到一个试管中，并在37℃的水浴中培养30分钟，同时每10分钟轻轻倒置一次。通过低速离心收集消化后的肌肉组织，在去除上清液后，将10毫升增殖培养基（proliferation medium, PM）加入到颗粒物中，并通过100微米、70微米和40微米的滤网进行连续过滤。将过滤后的细胞悬液离心，以收集细胞团块。

肌肉卫星细胞的分离

肌肉卫星细胞（muscle satellite cell，简称MSC）是利用细胞黏附率和生长率之间的差异，通过预铺板方法分离的。将收集到的细胞团块重新悬浮在PM中，并铺板到涂有0.2%明胶的细胞培养皿上。细胞培养皿在37℃、5%的CO_2条件下培养1小时（预铺板1，PP1）。成纤维细胞迅速黏附在细胞培养瓶的底部，而肌肉卫星细胞则留在上清液中。含有肌肉卫星细胞的上清液被收集在离心管中，并以500×g离心10分钟。用PM重新悬浮肌肉卫星细胞团块，铺板到细胞培养皿上，并在37℃和5%的CO$_2$条件下培养2小时（预铺板2，PP2）。回收上清液和未附着的细胞悬液，再次离心，只培养细胞团块24小时（PP3）。重复这一预铺板过程直至PP5，以分离出尽可能纯的肌肉卫星细胞至最终PP5中。从PP1到PP5所有步骤中的细胞都在增殖培养基中培养。

资料来源：例子来自Joo Seon-Tea等人的方案。鸡和牛肌肉卫星细胞培养肉口感特征的比较研究。食品科学与动物资源，2022，42（1）：175–185。https://doi.org/10.5851/kosfa.2021.e72

插文3　细胞采集和荧光激活细胞分选以富集牛的肌肉卫星细胞

牛肌肉卫星细胞的替代分离方案（与图4无关）。

细胞来源

牛的卫星细胞来自新鲜的（安乐死后30分钟内）肌肉样本，这些样本来自1～2岁的公牛。立即将新鲜采集的牛肌肉放在冰上转移到实验室，用75%的乙醇清洗1分钟，然后用磷酸盐缓冲盐水（PBS）清洗2次。用器械解剖组织，并在37℃下用胶原酶Ⅱ（CLS-2，0.2%）与补充有1%青霉素-链霉素的Dulbecco改良Eagle培养基（Dulbecco's Modified Eagle Medium，DMEM）进行消化1.5小时。每隔10分钟用涡旋混合或用移液管滴定混合物。消化后，在DMEM中加入20%的胎牛血清（FBS），并用移液管充分混合。肌肉碎片以80g离心3分钟，上清液被收集作为单核细胞悬液。再次用20号针头在PBS中将沉淀的碎片研碎，并以80g离心3分钟。收集上清液并与之前的单核细胞悬液混合。以1 000g离心5分钟后，用PBS清洗细胞两次，然后用含20% FBS的DMEM清洗。之后，细胞先通过100微米细胞滤网过滤，再通过40微米细胞滤网过滤。然后在4℃下以1 000g离心5分钟，并用红细胞裂解缓冲液（ACK）在冰上培养5分钟。细胞用PBS清洗两次，细胞团块用FACS缓冲液[PBS中1%牛血清白蛋白（BSA）]重建，或在FBS补充剂中用10%二甲基亚砜（DMSO）冷冻直至进一步使用。

荧光激活的细胞分选

在37℃水浴中回收冷冻的细胞，并在进一步处理前用PBS清洗两次。将细胞重悬于FACS缓冲液中，用选定的别藻蓝蛋白（APC）抗人CD29抗体（1∶10）、PE-Cy™7抗人CD56（1∶10）、FITC抗羊CD31（1∶10）、FITC抗羊CD45（1∶10）在冰上染色30～45分钟。抗体孵育后，细胞用冷的 PBS 清洗两次，并在含有20% FBS 的 F-10 中重建。通过细胞分选分离出活的 CD31-CD45-CD56+CD29+ 细胞（牛卫星细胞）。细胞分选是用 BD FACSAria 细胞分选仪进行的，使用405微米、488微米和640微米激光。未染色的细胞通常用于定义 FACS 门控参数。

资料来源：例子来自 Joo Seon-Tea 等人的方案。鸡和牛肌肉卫星细胞培养肉口感特征的比较研究。食品科学与动物资源，2022；42（1）：175–185。https://doi.org/10.5851/kosfa.2021.e72

稳定生产细胞系的制备

目前用于细胞基食品生产的许多细胞系都没有经过基因改造（Hadi and Brightwell，2021；Post et al.，2020；Zhang et al.，2020）。因此，这些细胞系不一定具备在大规模生物反应器中优化生长和长期培养所需的确切生理或遗传特征，如细胞分裂次数有限，或对剪切应力和次优氧合环境的抵抗力低。开发所谓的永生化细胞系是延长细胞增殖能力的方法之一。例如，可以通过基因改造靶向端粒酶活性来防止衰老从而实现永生化（Soice and Johnston，2021），也可以通过非转基因方法获得，即原代细胞被连续传代培养，直到永生化细胞的克隆群体随着时间的推移产生自发的遗传变异。

细胞储存

用于细胞基食品生产的细胞类型对生产过程中使用的参数有很大影响，因为每种细胞类型都有其特殊的要求，可能有利于或不利于高效生产。为了稳定地生产细胞基食品，使用稳定的细胞系也是至关重要的，它能保持相同的遗传和生理特征，并在一段时间内表现出一致的生产性能。这就需要储存从动物身上分离出来的细胞（原代细胞）或储存生产过程中特定阶段的细胞。为此，细胞在加入冷冻保存液后，以冷冻等分试样的形式储存在主细胞库中（Ong et al.，2021）。然后，可以使用主细胞库的单个试样瓶生成大型"工作"细胞库，即单个试样瓶用于在每次生产运行或实验期间启动培养过程（Healy，Young and Stacey，2011）。在冷冻保存之前，要对细胞系进行筛查，确定是否存在微生物污染物，并可验证物种细胞系的身份，以确保细胞培养物在生物质生产的种子阶段不被污染（Andriolo et al.，2021）。许多动物物种，特别是鱼类，尚未开发出动物细胞系的细胞库，因此建立这类细胞库是未来进行大规模细胞基食品生产的重要因素（Ramani et al.，2021）。

2.2.3　生产——细胞增殖和分化以及大规模生产

细胞增殖

对于大规模生产，分离的细胞需要大规模增殖，从而达到较高的细胞密度，并且在许多情形下需要分化成特定的细胞类型，这将涉及从种子阶段到大型生物反应器（1 000～10 000升或更大容积）中的全面生产的几个放大步骤。使用的细胞来源和类型对增殖和放大要求有重要影响。一般来说，骨骼肌细胞、成纤维细胞、卫星细胞和诱导多能干细胞（iPSC）等细胞类型受到青睐，它们可以单独使用，也可以与成脂干细胞结合使用，而且每种细胞都有其特殊的优点和对增殖因子的要求，如氧合、pH和温度（Swartz，2021）。虽然大多数哺乳动物的细胞通常需要在36.5～37.5℃的狭窄温度范围内增殖（Choi et al.，2021），但鱼类的细胞可以在15～30℃的较宽范围内在低得多的温度下生长。此外，根据鱼类和水生无脊椎动物的生理学，预计鱼类细胞与哺乳动物细胞相比，可以耐受较低的氧气水平，并更能适应较宽的pH范围（Fernandez et al.，1993；Rubio et al.，2019）。使用新鲜/未耗尽的培养基也被认为很重要，因为研究发现培养基的更换对于保持良好的细胞生长至关重要（Hanga et al.，2020）。

为了产生细胞基脂肪，从脂肪或骨髓中分离出来的间充质干细胞可能是一种选择，因为这些多能干细胞具有发育成脂肪细胞（学名：adipocyte）（Fish et al.，2020）的能力。例如，iPSC仍然可以发育成肌管，这一倾向也被用于医学目的的人体组织工程研究。此外，脂肪组织来源的干细胞（adipose tissue–derived stem cells，ADSC）也可以被诱导发育成各种类型的细胞，如骨细胞、肌肉细胞和脂肪细胞（Balasubramanian et al.，2021）。分离出的细胞的增殖和分化趋势可能因其来源的组织而不同，如肌肉卫星细胞所示（Choi et al.，2021）。Reiss等人（2021）指出，多能干细胞的获取和生长成本可能更高，而且可能需要更多时间让它们分化成具有理想表型的细胞。例如，原代成体干细胞可能更容易从动物肌肉组织的活检中获得。对于海产品来说，鱼的肌肉由三种不同类型的肌肉（红色、白色、粉红色）组成，这为设计培养系统提供了可能性（Rubio et al.，2019）。

不同类型细胞（如肌肉和脂肪细胞）的共培养不仅有助于更贴切地模仿畜肉、禽肉或鱼肉类产品的结构和特征（如大理石纹），而且不同类型的细胞还可能分泌诱导其他细胞类型增殖和分化的因子和基质（Balasubramanian et al.，2021）。例如，多位作者使用了一种将肌肉和脂肪细胞交替层叠在一起的技 术（Pandurangan and Kim，2015；Shahin-Shamsabadi and Selvaganapathy，2021）。共培养也可用于打造细胞基食品生产的"自组织"方法，作为采用支架方法的替代方案。这方面的一个挑战是如何向整个正在形成的混合细胞型组织中输送营养物质和氧气，这可以借助人工血液循环模拟概念来实现（Bhat、Sunil and Hina，2015）。

细胞分化
细胞增殖后，需要被诱导分化成具有细胞基食品所需特性的细胞类型。

刺激细胞分化的方法包括，更换含有不同信号分子组成的培养基、改变环境条件或改变支架。用于细胞分化的培养基组成可以通过添加或去除生长因子、维生素、氨基酸或微量矿物质来实现。所用的培养基很复杂，除了适量的脂质、氨基酸和维生素外，还需要添加必要的生长因子，以刺激那些在培养物中自身不产生这些因子的细胞类型的增殖和分化（Arshad et al.，2017）。可作为激素或生长因子用于此目的的化学和生化化合物范围广泛，包括例如类固醇、信号分子、胰岛素和胰岛素样生长因子（IGF）、成纤维细胞生长因子（FGF）、转化生长因子β-2（TGF-βs）和白细胞介素等（Choi et al.，2021）。由于细胞分化从来都不是百分之百有效的，因此可能仍需要对目标细胞类型进行进一步的纯化。虽然可以添加来自动物的血浆和血清，如胎牛血清，以促进细胞增殖和分化（高达20%），但这可能不符合无动物屠宰生产的战略方向。可以使用的替代品包括重组生长因子，回收培养的细胞自身使用的生长因子，以及使细胞系适应在无血清培养基或含有植物或微生物成分的替代培养基中生长（O'Neill et al.，2021）。除了生长因子外，收缩、流体流动或磁性颗粒等机械刺激也可用于刺激肌肉细胞，或可作为生长因子的一种替代方法。

大规模生产的工艺设计

生物反应器的配置和工艺设计要考虑到一些因素，如氧合、剪切应力、通过二氧化碳浓度产生的pH和温度，这些因素应使选定的哺乳动物、鱼类或海产品细胞系的增殖达到最适宜的条件（Allan，De Bank and Ellis，2019；Arshad et al.，2017）。对鱼类和海产品细胞系适合的温度、氧气和pH范围可能比其他动物细胞系更宽泛，因此可以使用设计较简单（且较便宜）的反应器进行增殖。相比之下，禽类细胞系的最佳生长温度可能需要高于37℃。多种不同类型的生物反应器可用于细胞基食品生产，如搅拌罐生物反应器和摇床生物反应器，但也有使用流化床、填充床或中空纤维的生物反应器（Allen，2013；Choi and Hyun-Jae，2019；Djisalov et al.，2021；Hanga et al.，2020）。由于增加剪切应力或减少氧合等可能会对细胞增殖和分化能力产生负面影响，因此用于特定细胞系的反应器配置应该注意在扩大生产规模的同时不能造成这种负面影响。搅拌罐生物反应器是目前食品生产和生物制药领域大规模、经济高效地培养动物细胞的首选反应器（Eibl et al.，2021）。在所有的反应器设置中，重要的是详细的监测过程，如pH（通过二氧化碳控制）、溶解氧、温度、营养物质（如铵离子、谷氨酸、葡萄糖）、生物量、细胞密度和增殖，以及细胞图像分析（Djisalov et al.，2021）。用于生长脂肪细胞的实验室规模的搅拌瓶模型证明，更换培养基对于维持良好的细胞生长至关重要（Hanga et al.，2020），因此是工艺设计的一个关键部分。

用于细胞基食品生产的细胞在许多情况下可能需要利用黏附表面进行增

殖（Ong et al.，2021）。这些表面可以是微载体（又称"MC""小珠粒"）或更坚固的支架，利用支架可以形成更复杂的细胞结构（如片层）。MC通常由明胶、葡聚糖、胶原蛋白或聚苯乙烯等材料组成（Bodiou，Moutsatsou and Post，2020）。支架材料可以包括天然成分，如多糖（纤维素、藻酸盐、壳聚糖、脱细胞植物材料）、蛋白质（如明胶和胶原蛋白，来自动物或非动物来源）、组织化大豆蛋白或由聚合物组成的合成支架材料，如聚乙二醇（PEG）、聚乳酸（PLA）或聚丙烯酰胺（Ben-Arye and Levenberg，2019；Ng and Kurisawa，2021；Seah et al.，2022），也可以使用天然材料和合成材料的复合体。在所有情况下，微载体或支架材料最好具有生物相容性、可生物降解、可食用且使用安全，在采用支架的情况下，能为最终产品提供结构和纹理（Bomkamp et al.，2022）。基质可以被设计为使得细胞被刺激生长成纤维样的结构。Acevedo等人（Acevedo et al.，2018；Orellana et al.，2020）采用了一种带有激光切割微通道的可食用薄膜，并观察到细胞在接种后确实开始形成生肌结构。Eibl等人（2021）指出，搅拌式生物反应器选择MC和培养基时要考虑到它们之间的相互作用，以获得最佳结果并保证工艺的可扩展性（Bodiou，Moutsatsou and Post，2020；Eibl et al.，2021）。例如，当使用气升式反应器设计时，需要仔细选择气泡大小，因为使用MC需要较小的气泡尺寸，以防止细胞从载体上脱落并受到损害（Li et al.，2020）。

　　用作微载体或支架的生物聚合物还可以作为最终产品中的附加纤维物质，或包含模拟激素作用的分子（Ng and Kurisawa, 2021）。例如，Park等人（2021）描述了一种含有不同多糖和C-藻蓝蛋白的多孔多层膜。后者是一种具有增殖诱导特性的藻类蛋白，因此可以替代胎牛血清作为培养基添加剂。研究结果显示，在这种基质上生长的肌肉细胞显示出增强的增殖能力（Park et al.，2021）。另外，它们也可以被选择或设计成可生物降解的，但其降解可能会导致风味或营养化合物的流失。可食用的生物聚合物通常没有细胞黏性，因此可能需要进行改性（Ng and Kurisawa，2021）。

2.2.4　收获

　　一旦细胞在增殖过程中达到最大密度，且分化成了所需的细胞类型，就可以收获。收获时应保持细胞/组织的完整性，并且避免微生物污染。细胞可以用沉淀、离心或过滤技术来收集，当细胞生长在不能食用或不能生物降解的支架/MC上时，在进一步处理前必须先将它们与支架解离。解离可以使用酶促、化学或机械方法（Allan，De Bank and Ellis，2019；Bodiou，Moutsatsou and Post，2020；Rodrigues et al.，2019）。根据所使用的生产系统，可能只收获部分细胞，之后可以将新鲜（或回收）的培养基加入到剩余的细胞中进行进一步培养。以部署自动细胞采收系统代替人工采收是一种新的发展趋势，可以大大减少收获阶段的污染风险（Specht et al.，2018；Tan et al.，2017）。通过文献综述没有发现任何描述细胞基食品的具体收获过程的技术性文章，然而，Bodiou 等人（2020）探讨了三种细胞增殖和收获场景，如插文4所述。

插文4　细胞基食品生产中的细胞收获场景

场景1：临时性微载体（MC）用于卫星细胞增殖

作为卫星细胞（SC）增殖的临时基质的微载体需要在进一步处理之前被移除，这需要两个条件：①高分离（解离）率；②容易与细胞分离。

卫星细胞与微载体的解离过程可以采用三种方式：①化学；②机械；③热原理，使细胞与微载体分离，同时保持细胞的活力、增殖和分化能力。①化学分离方法包括细胞的酶解和非酶解。酶解是基于蛋白酶与 Ca^{2+} 螯合剂的结合，以减少细胞的结合。非酶解剂，如硫酸葡聚糖、N-乙酰-L-半胱氨酸和二硫苏糖醇，模仿酶的活性，裂解或降解微载体的涂层；②机械分离方法包括移液、高速搅拌和振动，可与酶和螯合剂如胰蛋白酶-EDTA结合使用；③采用热反应材料可以在温度变化时发生相变和/或形态改变，从而导致细胞的分离。与化学技术相比，机械和热技术的优势在于它们不需要使用解离剂，也没有解离前后的清洗步骤，而清洗会导致更长的处理时间和对培养物的大范围操作。

将解离的细胞与微载体分开的分离系统基于以下四个原理之一：过滤、离心、惯性和磁力。最常见的过滤方法使用死端过滤系统、（交替）切向流过滤或连续离心分离器。当磁性颗粒（由铁、镍、钴或其合金制成）被掺入微载体的核心时，磁力可以作为一种分离方法。在细胞从微载体表面解离后，引入磁场将微载体与细胞分开。

场景2：不可食用、可降解的微载体

作为细胞增殖的临时基质的微载体，在过程结束时通过微载体降解而不是解离来分离，以获得细胞。各种天然或合成的可降解材料已被用于生产微载体，包括聚苯乙烯、纤维素、胶原蛋白、明胶、海藻酸盐、壳聚糖、聚乳酸-羟基乙酸共聚物（PLGA）、聚乳酸（PLA）或聚己内酯（PCL）。这些聚合物可以根据五个原理进行降解：热、化学、机械、光和生物降解。微载体的降解需要进行控制，以实现稳健、快速，并防止损坏或卫星细胞与降解产物的相互作用。此外，在细胞增殖过程中，应防止微载体的过早降解。到目前为止，只有一种微载体已经商业化，其开发目的就是实现完全和快速的生物降解，以便于细胞收获。它由交联的聚半乳糖醛酸（PGA）制成，可以在10～20分钟内使用EDTA溶液和果胶酶（可消化聚合物）轻松溶解。其他聚合物包括葡聚糖、纤维素、胶原蛋白、果胶或明胶都可以用类似的方法进行酶解。

热降解和光降解可能不太适合细胞培养，因为已知热降解聚合物所需的高温或诱导光降解所需的紫外线辐射会导致蛋白质和DNA变性及损伤。搅拌速度、摇晃或流化等机械力也可与化学降解（酶法或非酶法）结合使用，以促进/加速降解过程并降低酶的浓度。最后，还可以采用与卫星细胞培养物兼容的缓慢降解材料。使用可降解的微载体，就不需要进行分离，从而简化了工艺，并使细胞回收率提高。所得到的细胞悬浮液可以被清洗并直接用于下游加工处理。

场景3：嵌入到最终产品中的可食用微载体（MC）

由可食用材料组成的微载体可以嵌入到终产品中。相对于场景1和场景2中微载体被视为一种食品接触材料，在场景3中，微载体应符合作为食品成分或添加剂使用的规定。可用作细胞扩增基质的可食用聚合物分为四类：多糖类（如淀粉、藻酸盐、卡拉胶、壳聚糖、纤维素、羧甲基纤维素、果胶）、多肽类（如胶原蛋白、明胶、面筋）、脂类（如石蜡、虫胶）和复合材料/合成材料（如PGA、PEG）。它们已被广泛应用于食品工业，作为稳定剂、增稠剂、包衣剂和乳化剂使用。在这种情况下，采用沉淀或离心这类不太严格的分离方法更适用。具有可控降解特性的可食用微载体也可以使用，其可被部分降解，保留在细胞收获物中，以供进一步加工。当使用可食用微载体时，可以完全省略解离步骤，在细胞增殖阶段用作细胞基质的可食用聚合物可以被设计为能够增强或引入细胞基食品所需的特性（如质地、味道或色泽）的物质。

2.2.5 食品加工和配方

收获的细胞和组织被进一步加工并配制成特定类型的细胞基食品，以作为商品销售。在大多数情况下，需要添加其他食品成分以增加风味，在某些情况下，可能还需要添加防腐剂。不同类型的细胞也可以结合使用（例如肌肉和脂肪细胞），以复制传统肉类的结构和质地，或将肉类细胞和组织与植物性成分结合使用，以生产混合型产品。在细胞基食品中实现结构和质地的常见技术包括剪切细胞技术、挤压成形或3D打印，这取决于所需的最终产品类型（Handral et al.，2020）。此外，还可以使用生物聚合物来赋予细胞基肉结构。理想情况下，这种生物聚合物在培养阶段就已经使用，作为触发肌管形成的一种经济高效的方式，可用在细胞培养的最后阶段固定床反应器的支架中，随后通过搅拌和悬浮反应器进行细胞的增殖。海藻酸盐（此外还有许多其他多糖类，如卡拉胶、果胶、结冷胶、黄原胶等）似乎是实现这一目的的有吸引力的候选物，因为这种生物聚合物可以容纳体积较小的培养组织，形成一种重组形式的肉制品。可通过低温添加或释放钙离子诱导其凝胶化。

2.2.6 潜在的食品安全危害和关键点

概述

细胞基食品生产涉及多种工艺、技术和步骤，在某些情况下，需要新的投入，即增加传统食品生产中不常用的步骤、材料、技术或工艺（如支架或改良的细胞特性）。为了帮助读者准确识别潜在危害，我们简化了潜在危害和关键点的通用映射图，在表3中列出。

表3　生产过程中的潜在危害／关键点的通用映射图

	人畜共患传染病的传播	残留物和副产品	新的投入物	生物污染
1.细胞选择	✓	✓		✓
2.生产	✓		✓	✓
3.收获		✓		✓
4.食品加工		✓	✓	✓

资料来源：粮农组织。2022。《思考食品安全的未来：前瞻报告》。罗马。https://www.fao.org/3/cb8667en/cb8667en.pdf

细胞选择过程中的潜在危害/关键点

细胞基食品生产中的细胞来源、分离和储存步骤可能会引入微生物污染，并波及后续生产阶段。一个潜在的危害是人畜共患传染病和食源性病原体从用于获得活体组织的源头动物传播，尽管与传统的牲畜养殖相比，这种概率要低得多（Treich，2021）。存在于动物身上或体内及其粪便上的常见致病菌包括沙门氏菌、弯曲杆菌、大肠杆菌和李斯特菌，另外特别重要的是致病性支原体的传播（见3.6.3节）。除了这些细菌之外，其他可能污染细胞系的病原体还有动物源性病毒和寄生虫（FAO/WHO，2014；Ong et al.，2021）。

为了防止在细胞来源、分离和储存期间被微生物污染，通常的做法是使用抗生素（见插文1和插文2），其中一些抗生素可能会在初始细胞增殖阶段（种子阶段）进一步使用。冷冻保护剂用于细胞库中生产细胞系的细胞储存。用于细胞系冷冻保存的常见冷冻保护剂包括二甲基亚砜、（聚）乙二醇、海藻糖和蔗糖（Choi et al.，2021），其中二甲基亚砜已被证明会产生负面的毒理学效应（Awan et al.，2020）。抗生素和冷冻保护剂在生产放大过程中被稀释到非常低的浓度或被清除，它们在最终产品中的含量将是满足食品安全要求的。

生产过程中的潜在危害/关键点

细胞培养对微生物污染很敏感，因此要在无菌培养条件下进行。在通常感染真核细胞系的细菌中，支原体属是主要的关键点，因为有几种支原体是已知的人类病原体，并且会导致细胞培养物生长被破坏，且在生物制造过程中难以根除（Nikfarjam and Farzaneh，2012）。在制造过程中，也可能发生来自生产环境的其他细菌、酵母和真菌的污染，特别要注意形成孢子的细菌和真菌，因为它们难以杀灭且容易通过空气传播（Møretrø and Langsrud，2017；Snyder，Churey and Worobo，2019）。当使用动物来源的血清或培养基成分进行细胞培养时，也可能存在被病毒和传染性朊病毒污染的风险（Hadi and Brightwell，2021；Ong et al.，2021）。虽然检测或控制此类病毒和传染性朊病毒是一个重大挑战，但可能可以通过充分的热处理解决。为了限制污染的发生，通过定期监测及尽早发现细胞培养物中的感染，以及在整个生产过程中遵循良好卫生规范（GHP），如常见的设备清洁和消毒措施，是至关重要的。此外，用植物或重组的非动物来源的成分取代动物来源的成分也可以减少污染的机会。由于细胞培养是在严格控制的无菌培养条件下进行的，抗生素的使用会大幅减少或可以消除。因此，这种方式将减少人类接触抗生素的风险以及控制抗生素耐药性的发展。可以使用经批准的化学防腐剂，如苯甲酸钠或其他抗菌化合物来替代抗生素以防止微生物的污染（Zidaric et al.，2020）。

在所使用的细胞系层面上，由于持续的传代培养，细胞系存在（表观）遗传漂移的风险，其中突变随着时间的推移不断积累，最终可能导致表型的变化（Soice and Johnston，2021）。可以使用质量受控的细胞库冷冻保存细胞系等方式来减少因遗传漂移导致细胞系遗传特性失真的风险，同时也能防止病毒、细菌、酵母和支原体的出现。

收获过程中的潜在危害/关键点

用于细胞培养的常见培养基是盐、糖（葡萄糖）、维生素、氨基酸、有机酸、生长因子和激素的复杂混合物（O'Neill et al.，2021）。这些化学和生物成分的很大一部分及其残留物在细胞收获过程中被移除，或在随后的加工步骤中被破坏（例如由于加热）。然而，收获过程也可能引入酶或化学品，例如微载体解离所需的酶或化学品，包括蛋白酶等酶制剂，非酶解离剂如硫酸葡聚糖、N-乙酰-L-半胱氨酸和二硫苏糖醇，或 EDTA 等螯合剂（Bodiou，Moutsatsou and Post，2020；Ong et al.，2021）。需要特别注意的是所使用的生物成分，如来自动物（血清）或非动物来源的生长因子和激素，因为这些生物活性分子可能会干扰人类的新陈代谢或与某些癌症的发展有关（Ong et al.，2021）。收获过程也是一个可能引入微生物污染的步骤，因此收获方法的设计应尽量减少微生物污染的风险（插文4）。

食品加工和配制过程中的潜在危害/关键点

为了将培养的细胞或组织加工成供食用的细胞基食品，需将它们与其他成分以及添加剂一起配制，以改善最终产品的结构、质地、味道、色泽或保质期等（Zhang et al.，2020；Zhang et al.，2021）。这些成分和添加剂可以是可食用的和生物相容的微载体或支架材料（在细胞增殖和分化中已经在使用），或收获后加入的黏合剂、调味剂和防腐剂。这些成分可能会产生致敏作用，因此，细胞基食品的成分的致敏性是一个重要的评估因素。所使用的细胞系本身也可能具有致敏性，来自鱼类或贝类的细胞系尤其如此（Hallman and Hallman，2021）。此外，为改善产品特性而添加的成分，如小麦面筋/水解物、大豆蛋白或牛奶成分也可能导致过敏反应。所有添加的添加剂、成分、营养素和所有其他物质都需要经过批准才能应用（例如被认为是安全的，并允许用于特定的细胞基食品），所有适用的食品标签要求都将适用（包括过敏原标签）。与细胞基食品生产的其他阶段一样，食品加工过程中也存在潜在的微生物危害，应使用良好卫生规范将其降至最低。

在细胞基食品的加工和储存过程中，氧化过程（如脂质氧化）或由于酶解或热作用产生的不需要的生物降解也可能发生，因此应采取措施限制此类过程中不需要的副产物的生成（Fraeye et al.，2020）。

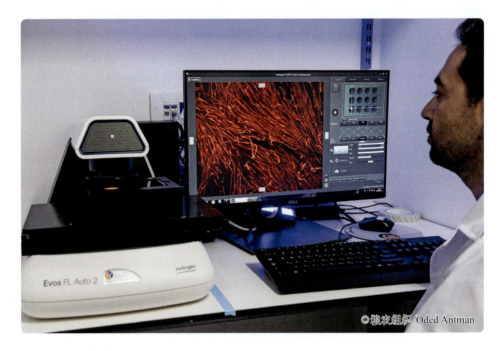

©粮农组织/Oded Antman

2.3 讨论

近年来，细胞基食品的技术发展已经成熟，但在大多数国家还没有达到大规模生产或商业化的程度。虽然生产工艺的通常步骤可以确定为四个主要步骤（**插文1**），但每种产品可能采用不同的细胞源、支架/微载体、培养基成分、培养条件和反应器设计。因此，个案分析法可能适用于细胞基食品的食品安全评估。虽然有许多现成的工具可用于安全评估，但对于一些特别新颖的工艺或产品，可能需要采用额外的步骤。因此，对于细胞基食品，重要的是要关注其与现有食品的重大差异，以便建立有效的方法来评估所有要素的安全性。**图5**显示了在细胞基食品生产的不同阶段一些潜在的新的食品安全危害或关键点。

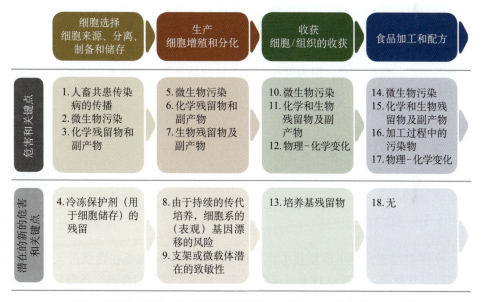

图5 细胞基食品生产的不同阶段的潜在食品安全危害和关键点示例
资料来源：作者自己的阐述。

根据文献回顾，细胞基食品生产过程中的大多数潜在的食品安全危害，如微生物污染和残留物问题，都不是新出现的。对于这类常见的食品安全危害，有许多可用的缓解风险的方法，如良好的卫生、制造、细胞培养和危害与分析关键控制点做法（Hazard Analysis and Critical Control Point practices），以及最终产品整体食品安全评估的一般原则和方法（FAO，2009）。因此，从过去的各种经验中学习并考虑有效应用风险分析范式是很重要的（Ong et al.，

2021）。采用来自多个学科领域（如药品和食品生物技术领域，包括传统和现代技术）的几种既定的安全评估方法和检测方法，可以系统地识别各种危害，并适当地进行相关的安全评估。重要的是，这些方法学也要针对细胞基食品所带来的新复杂情况进行验证。

许多国家还尚未出现要对细胞基食品进行食品安全评估的迫切需求（FAO，2022）。然而，主管部门必须做好准备，并启动与包括消费者、私营领域、民间社会、合作机构以及政策制定者在内的各利益相关方的交流。对于低收入和中等收入国家来说，对自己是否具备确保细胞基食品安全的技术能力开展评估也很重要，因为他们可以从与其他国家和国际组织的交流中受益，学习他们的经验并获得技术援助。我们建议所有国家都参与到相关的全球讨论中，因为共享信息和数据只会有助于全球利益，避免重复努力。

通过公私合作进行积极和透明的沟通是至关重要的，这不仅可以让行业和政府更好地做好准备，还可以最大限度地提高其安全保障计划的有效性。如果主管部门能够为私营领域提供明确的食品安全准则，这将促成并促进"设计保障安全"（Safe-by-Design）方法的推广，使公私双方共同致力于确保细胞基食品生产的食品安全，因为这种方法的目的就是早在新技术的研发和设计阶段就考虑到安全问题（van de Poel and Robaey，2017）。

3 监管框架

3.1 简介

在许多国家，使用创新技术生产的食品的商业化需要在食品进入市场之前获得监管批准。对于这种上市前的批准，相关主管部门会进行各种评估，包括食品安全评估、合规性评估、环境评估和其他一些社会经济评估。由于食品安全与消费者的利益息息相关，食品安全主管部门通常在这一过程中发挥重要作用，以确保其监管框架充分且完善，能够涵盖此类创新食品的安全保障关键点。大多数与食品有关的立法文本和法规都是基于食品安全风险、营养和消费者关切的问题；因此，如果新型食品技术存在新发现的危害或关切点，就有必要对这些法律文件进行调整。

近年来，许多食品生产领域的创新都集中在所谓的"蛋白质转型"上，即寻求更加可持续的方式来生产动物蛋白质和替代的非动物蛋白质，以满足对动物产品日益增长的需求和确保全球粮食安全（Aiking and de Boer，2020；

Henchion et al.，2021）。利用动物细胞的体外培养进行的细胞基食品生产是这方面的主要技术发展之一。此外，还可以利用微生物生产平台生产特定动物蛋白的类似物，如牛奶或鸡蛋蛋白。首次开发的此类产品是在2013年向公众展示的，当时来自荷兰的研究人员展示了第一款细胞基牛肉汉堡（即所谓的"实验室培育的"牛肉汉堡）（BBC News，2013）。2020年12月，在新加坡获得市场批准后，以细胞基鸡肉为食材的鸡块成为第一款实现商业化的同类产品（Carrington，2020）。在更广的范围内，近年来通过细胞基技术生产肉类、家禽、海产品、乳制品和鸡蛋等动物产品类似物的研究和开发进展迅速，来自22个不同国家的多家公司正在开发类似产品（Byrne，2021）。

考虑到细胞基食品领域的快速发展，国家主管部门在其管辖范围内必须建立适当的监管框架，为这些产品市场准入做好准备是很重要的。除了核心的食品安全评估，监管部门还需要考虑其他一些问题，如标签、消费者偏好/接受度、细胞基食品的伦理或宗教考量。

粮农组织的主要作用之一是向其成员提供基于科学的政策建议，尤其是明确需要这种技术援助的中低收入国家。本章概述了各种动物细胞基食品监管框架的现状，其中食品安全是本书关注的核心领域。本书介绍的国家实例并不意味着它们已经得到粮农组织的认可，只是意味着这些国家公布了此类信息。

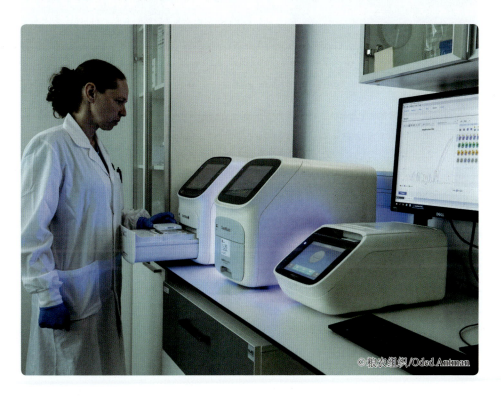

©粮农组织/Oded Antman

就其他国家而言，这些信息没有公开提供或没有用英文介绍，故本章范围内不包括这些国家的信息。本文提供的信息已更新至2022年3月。

3.2　文献综述结果

3.2.1　监管框架和进入市场的授权

细胞基食品进入市场可能需要不同层级的批准，批准的对象可能包括对细胞基食品的食品安全评估、计划并实施的生产过程质量控制与保障措施，以及产品标签。细胞基食品有效监管框架的基本要素在许多国家仍然是一个需要考虑的问题。在下面的章节中，讨论了已提供此信息的国家和经济区对细胞基食品的一般和特定监管框架的现状。这些案例按字母顺序列出并在表4中进行了总结。这里介绍的国家监管框架的现有信息并不总是涵盖相同的内容，因此在一些案例中没有讨论，比如标签或使用基因修饰进行食品生产的规定。

表4　不同国家在细胞基食品及其安全方面的发展情况

国家/经济区	主管部门	立法/标准制定机构	是否有已上市的细胞基食品？（至2022年3月1日）	在食品安全法规和/或安全指南/指示中是否有对细胞基食品的具体规定？（至2022年3月1日）
澳大利亚和新西兰	澳大利亚新西兰食品标准局	澳大利亚新西兰食品标准局、"初级产业部"	无	无
加拿大	加拿大卫生部	加拿大卫生部	无	无
中国	国家食品安全风险评估中心	国务院食品安全委员会	未知	无
欧盟/欧洲经济区/英国	欧洲食品安全局（欧盟）/联邦食品安全和兽医局（瑞士）/食品安全局（挪威）/食品管理局（冰岛）/食品标准局SA（英国）	欧洲议会、理事会、欧盟委员会、国家部委、食品标准局（英国）	无	是
印度	印度食品安全和标准局	印度食品安全和标准局	无	无
以色列	国家食品服务局	卫生部	无	无
日本	食品安全委员会	厚生劳动省、农林水产省	无	无

(续)

国家/经济区	主管部门	立法/标准制定机构	是否有已上市的细胞基食品？（至2022年3月1日）	在食品安全法规和/或安全指南/指示中是否有对细胞基食品的具体规定？（至2022年3月1日）
卡塔尔	公共卫生部	卡塔尔标准和计量学总组织、海湾合作委员会标准化组织	无	无
新加坡	新加坡食品局	新加坡食品局	是 含有细胞基鸡肉的鸡块和加工的碎禽肉产品	是
美国	食品药品监督管理局/美国农业部食品安全检验局	食品药品监督管理局/美国农业部	无	是

3.2.2　澳大利亚和新西兰

澳大利亚新西兰食品标准局（FSANZ）是制定澳大利亚和新西兰的食品成分、添加剂和加工助剂使用的管理标准的机构。其《食品标准法典》还涵盖了乳制品、肉类和饮料的成分，以及通过基因修饰等新技术开发的食品。FSANZ负责制定包装和非包装食品的一些标签要求，包括特定的强制性警告或建议性标签。

FSANZ还制定仅适用于澳大利亚的初级生产加工标准。FSANZ负责监管新型食品，包括使用新技术生产的食品，但其《食品标准法典》未涵盖对细胞基肉类的许可或要求（FSANZ，2021）。《食品标准法典》将新型食品定义为需要评估公众健康和安全因素的非传统食品，其中非传统食品是指：①在澳大利亚或新西兰没有人类食用历史的食品；②从食品中提取的物质，该物质在澳大利亚或新西兰没有除作为该食品成分以外的人类食用历史；③任何其他物质，该物质或其来源在澳大利亚或新西兰没有作为食品供人类食用的历史（FSANZ，2017）。

FSANZ表示，细胞基肉类将被涵盖在《食品标准法典》的现有标准中，未来进入市场前需要获得上市前批准（FSANZ，2021）。根据细胞基肉类的成分，这些标准可能涉及以下方面：①新型食品——在澳大利亚和新西兰没有人类食用历史的食品；②加工助剂——用于生产食品但在最终销售的食品中没有技术功能的物质；③食品添加剂——在最终销售的食品中具有技术功能的物

41

质；④利用基因技术生产的食品；⑤维生素和矿物质；⑥标明食品真实性质的标签；⑦细胞基肉的定义；⑧食品安全要求。

3.2.3　加拿大

加拿大卫生部和加拿大食品检验局是联邦主管部门，负责制定在加拿大销售的新型食品等的法规。加拿大卫生部负责制定食品安全和营养质量的标准和政策，并制定健康和营养成分相关的标签政策。加拿大食品检验局制定食品包装、标签和广告相关的标准，并承担所有检验和执法的职能。加拿大卫生部通过上市前的强制性通知要求，控制新型食品在加拿大的销售，见加拿大《食品和药品条例》B部分第28节所述（Canada，2021）。加拿大卫生部对新型食品的评估准则是基于联合国食品法典委员会（Codex Alimentarius Commission）、联合国粮农组织、世界卫生组织（WHO）和经济合作与发展组织（OECD）所制定的、在国际上得到协调统一的重组DNA生物衍生食品比较性安全评估原则（Health Canada，2021）。

根据加拿大的法规，新型食品是指：①微生物和物质没有作为食品的安全食用历史的；②利用新的制造、制备、保存或包装工艺并导致该食品发生重大变化的；③源自经过基因修饰的植物、动物或微生物的食品，而基因修饰使得该植物、动物或微生物表现出以前在该植物、动物或微生物中没有观察到的特征，或不再表现出以前在该植物、动物或微生物中可以观察到的特征，或者该植物、动物或微生物一个或多个特征不再落在其预期范围之内。据了解，目前还没有培养肉制品通过加拿大的新型食品批准程序，而这些产品应属于新型食品分类的三个领域：无使用历史、新型工艺和可能采用基因修饰（Suresh，2018）。

新型食品的批准程序包括向政府发出书面的上市前申报，其中应包括（除其他事项外）有关新型食品的以下信息：①拟销售新型食品的通用名称；②对新型食品的描述，以及生产、加工、保存、包装和储存方法的详细信息，主要变化的详细信息（如适用），关于其预期用途和制备说明的信息，证明其在加拿大以外的国家作为食品使用的历史的信息（如适用），以及证明新型食品可安全食用的信息；③有关消费者对该新型食品的预计摄入量的信息；④与该新型食品有关的所有标签的文本。

此外，在加拿大卫生部的监督下，加拿大环境与气候变化部（ECC）和加拿大渔业和海洋部（FOC）也有责任确保新型产品遵守所有与环境相关的法规。其他可适用于细胞基食品的法规有1999年颁布的《加拿大环境保护法》（CEPA）下的《新物质申报条例》（NSNR）（Cellular Agriculture Canada，2021）。CEPA规定了毒性标准，以确保在评估新物质对人类健康和环境的潜在风险之前，不会允许其在加拿大商业化。CEPA将"物质"定义为无论是否具有生命的任何可区分的有机或无机物，包括化学品、生物化学物质、聚合物、生物聚合物和活的生物体。NSNR涵盖两套独立的新物质条款：新的活生物体（如细菌、病毒、细胞）适用NSNR（生物体）条款，而新的化学品和聚合物则适用NSNR（化学品和聚合物）条款。未列入《国内物质清单》（DSL）的物质被认为是新物质，在进口到加拿大或在加拿大制造之前可能需要根据NSNR进行申报。对于细胞基肉类行业，这意味着培养的细胞如果尚未列入《国内物质清单》，则很可能会受到NSNR（生物体）条款的约束；通过细胞培养产生的组织以及细胞农业生产过程中使用的物质，可能会被列入NSNR（化学品和聚合物）条款的管辖范围。

3.2.4 中国

在中国，细胞基食品属于《新食品原料安全性审查管理办法》所定义的"新食品原料"（NHFPC，2013）。如该管理办法的第二条所述，"新食品原料"是指在中国无传统食用习惯的以下物品：①动物、植物和微生物；②从动物、植物和微生物中分离的成分；③原有结构发生改变的食品成分；④其他新研制的食品原料。这些新食品原料的安全性需要由国家食品安全风险评估中心审查，然后再批准其用于食品生产和入市（CIRS，2021）。

3.2.5 欧盟、欧洲经济区和大不列颠及北爱尔兰联合王国

《新型食品条例》（欧盟）第2015/2283号（European Union，2015）的序言明确提到，其涵盖范围包括使用动物、植物、微生物、真菌或藻类的细胞或组织培养的食品。这与细胞基食品及其生产工艺在欧盟范围内缺乏充分的安全食用历史的观点一致。因此，在细胞基食品可以在欧盟范围内销售之前，需要获得监管部门的批准并被列入已批准的新型食品目录。审批程序要求销售新型食品的公司提交一份包括安全性材料在内的申请材料（EFSA Panel on Dietetic Products et al.，2016）。除了原创的安全性研究数据外，材料中还可以包含文献和其他现有数据来支持申报事宜。可以认为"其他现有数据"适用于食品级的产品成分（如某些用于支架的天然生物聚合物），或在欧盟以外的国家有相当长的食用或传统使用历史（25年）的产品成分（European Union，2015；Seehafer and Bartels，2019）。

此外，任何食品都应该是安全的，无论新颖与否，其标签不应该有误导性，如果它取代了某个现有产品，这种取代不应该对消费者营养带来不利，并需要为此提供数据。之后由欧洲食品安全局（EFSA）科学小组的专家在欧洲集中评估该产品的安全性，该小组专门就食品安全问题向欧盟委员会提供建

议，其中包括诸如新型食品等受监管产品的安全问题。随后，委员会可以做出决定（或向欧盟监管机构建议），批准产品进入欧盟市场。

在欧盟，除了针对新型食品的立法，其他部门的立法也可能适用于新型食品。例如，在细胞基食品生产中，转基因技术可能被用来生产改良的细胞系。在这种情况下，产品也应符合关于转基因产品的立法，如《转基因食品和饲料条例》（欧盟）第 1829/2003 号（European Union，2003），根据该条例，需要进行上市前安全评估。除了这些有关新型和转基因食品的规则外，关于食品卫生和安全的一般规则也适用于生产环境，如良好生产规范（GMP）和危害分析与关键控制点（HACCP）规则。

标签规则也适用，但 Seehafer 和 Bartels（2019）指出，在没有具体的欧盟规定的情况下，成员国的国家立法将不得不暂时填补这一空白，标签规则将由各成员国制定（Seehafer and Bartels，2019）。欧盟专员在不同的场合中暗示可能在欧盟层面援引标签规定，以确保消费者了解这些产品的性质（Parliament，2018；Parliament，2019）。至于大不列颠及北爱尔兰联合王国，它保留了欧盟关于新型食品的立法，包括其风险评估和决策程序，尽管从 2021 年 5 月起这些都是在国家层面进行的（北爱尔兰除外，它继续遵守欧盟的规则和授权程序）（FSA，2020）。

3.2.6　印度

在印度，根据《食品安全和标准条例》（涵盖保健品、营养品、特殊膳食用食品、特殊医学用途食品、功能食品和新型食品）（2016 年），新型食品被定义为具有以下特点的食品：①可能没有人类食用的历史；②其中使用的任何成分或其来源可能没有人类食用的历史；③通过使用新技术和创新工程工艺获得的食品或成分，该工艺可能引起食品或食品成分的组成或结构或大小的重大变化，从而可能改变营养价值、代谢或不良物质的水平（FSSAI，2016）。细胞基食品将属于这些定义的范畴。对于像细胞基食品这样的新型食品在印度的生产和销售，需要得到印度食品安全和标准局（FSSAI）的批准，其程序在 2017 年颁布的《食品安全和标准条例》（非特定食品和食品成分的批准）（FSSAI，2017）中有所规定。其他可能具有监管效力的法规包括（但不限于）一般质量保证和危害管理系统、良好的卫生和生产规范，以及禁止虐待动物的法律等（Kamalapuram，Handral and Choudhury，2021）。

3.2.7　以色列

在以色列，卫生部下属的国家食品服务局负责确保消费者食品的安全性、质量和真实性。其安全评估标准和法律在很大程度上与欧盟一致，以色列的风险评估者也会考虑欧盟、美国、加拿大、日本以及澳大利亚和新西兰相关机构的安全评估，这有助于快速处理来自其他国家的申请（AgroChart，2016）。

根据以色列的立法，细胞基食品被认为是一种新型食品（Gross，2021）。以色列将新型食品定义为在2006年2月19日以色列第一部关于新型食品的法规生效之前，没有被人类大量食用过的食品。以色列的新型食品监管框架中概述了以色列的上市前授权程序（Israel Ministry of Health，2015）。该框架将新型食品定义为至少符合以下标准之一的食品或食品成分，且不属于食品添加剂、食品补充剂、加工助剂或食品调味剂的范畴：

（1）具有新型的初级分子结构或其初级分子结构被根据特定意图进行了改变，且在2006年2月之前没有足够长的人类安全食用历史。

（2）含有转基因生物或是转基因生物的一部分。

（3）含有植物、动物、微生物、真菌或藻类，或从这些植物、动物、真菌或藻类中衍生而来，但没有足够长的人类安全食用历史。

（4）其制造工艺在以色列尚未用于制造这种特定食品或食品成分，并且这一工艺导致食品的成分、结构或组分发生了重大变化，并影响到其营养价值、代谢质量或其中的不良物质含量。

关于监管进展的更多信息可在以色列的案例研究中找到（见C部分）。

3.2.8　日本

日本的细胞基肉预计在2022年底开始销售（Ferrer，2021）。在日本，细胞基肉的发展部分源于年轻科学家开展的"自己动手生物学"（DIY Biology）运动，他们在媒体上穿着未来主义的服装宣传自己的主张，并以"开放科学"原则为指导（Hanyu，2021）。日本尚未公布任何明确涉及细胞基肉制品监管框架的新食品法规或标准（Ettinger and Li，2021）。

然而，现有食品立法中的一些一般性基本要求可能适用，如《日本食品卫生法》第3条规定，食品经营者应采取必要的措施，确保供人食用的食品的安全，第7条规定，"当一般不供人类食用的物质，或含有这些物质的产品已经或即将作为食品出售，并且这些物质未被证明不太可能对人体健康造成危害时，若厚生劳动省认为有必要防止食品卫生危害，则厚生劳动省大臣可以通过听取药事和食品卫生委员会的意见，禁止将这些物品作为食品销售"（Japanese Law Translation，2022）。

日本农林水产省的一个技术工作组最近开始为各种类型的替代蛋白质（替代动物产品）来源制定战略，如基于植物和昆虫的替代品，但也包括细胞基肉类。除了法规，这些战略还考虑了其他方面，如研究政策、公私合作、消费者接受度和食品安全。2020年4月成立的食品技术研究小组在收集政府机构、

45

研究机构和行业参与者的观点方面发挥了作用。

3.2.9 卡塔尔

根据最近的新闻报道，卡塔尔已建成一家生产培养鸡肉的工厂，该厂即将投入运营，这在中东和北非地区尚属首例。虽然可能已经颁发了出口许可证，但卡塔尔的自由区管理局和公共卫生部也打算对新产品进行监管审批（Business Wire，2021）。对于新型食品的监管风险评估，海湾国家标准化组织（卡塔尔是该组织的成员）目前已制定指导方针。关于监管进展的更多信息可以在卡塔尔的案例研究中找到（见**C部分**）。

3.2.10 新加坡

在新加坡，含有细胞基鸡肉的鸡块已获得监管部门的批准，并从2020年开始上市销售，新加坡食品局（SFA）也已于2019年建立了一个新型食品监管框架。新加坡食品局规定，替代蛋白质通常是指从动物蛋白以外的来源提取的蛋白质。一些形式的替代蛋白质，如"培养肉"，则被认为是一种新型食品，因为它们没有被人类作为食物食用的历史（SFA，2020）。培养肉是指"通过动物细胞培养生成的肉，生产培养肉的工艺涉及在生物反应器中培养选定的细胞系（或干细胞）。这些细胞在合适的生长培养基中生长，然后在"支架"上生长，以生产类似肉类肌肉的产品"。

根据新加坡的新型食品监管框架，生产新型食品的公司必须对其产品进行安全评估并提交给新加坡食品管理局审查，然后才能上市销售。为了促进这一进程，SFA发布了一份关于新型食品安全评估所需的食品安全信息的文件（SFA，2021a）。这些信息应涵盖潜在的食品安全风险，如毒性、致敏性、其生产方法的安全性，以及因食用而产生的膳食暴露。公司还必须提供关于其生产过程中使用的材料以及如何控制这些生产过程以防止出现食品安全风险的详细信息。

特别是，SFA指出，生产培养肉的科学技术仍处于早期阶段。SFA指南（SFA，2021）中包含了对培养肉安全评估应提交信息的具体要求，但SFA指出，所需信息可能会根据培养肉生产科学的发展而变化。SFA也可以接受来自其他国家（例如澳大利亚、加拿大、新西兰、日本、欧盟和美国）食品安全当局的安全评估报告供其审查，只要这些评估是按照美国、EFSA或粮农组织/世界卫生组织主管部门的参考文件进行的。

为确保申请人提供的安全评估报告得到严格审查，SFA成立了一个新型食品安全专家工作组来提供科学建议。该专家工作组由专门从事食品科学、食品毒理学、生物信息学、营养学、流行病学、公共卫生、遗传学、致癌性、代谢

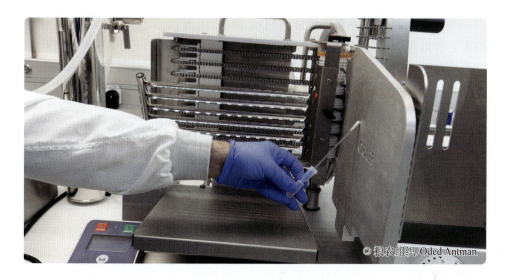

© 粮农组织/Oded Antman

组学、发酵技术、微生物学和药理学研究的专家组成。

SFA还强调，即使公司处于研究的早期阶段，也必须让公司参与到新型食品监管框架的构建中，因为这将有助于公司将资源优先用于有成效的研究方向，从而最大限度地减少合规成本和时间。为此，SFA在2021年9月推出了新型食品虚拟诊所。

关于标签，SFA要求细胞基肉制品的标签应能清楚地向消费者传达其性质，如使用"培育肉""细胞基肉"或"培养肉"等术语（SFA，2021）。关于监管进展的更多信息可在新加坡的案例研究中找到（见 **C部分**）。

3.2.11 美国

在美国，对细胞基人类食品的管辖权取决于开发者从哪种动物身上获得所培养的细胞。FDA将全权负责监督从牲畜、家禽或鲟形目鱼类以外的动物来源的人类食品。这包括所有从海产品（鲟形目鱼类除外）细胞中培养的食品。FDA还对所有作为动物饲料的细胞基食品（如宠物食品和其他动物饲料）的生产拥有唯一管辖权，无论细胞的来源如何。

FDA和美国农业部下属的食品安全和检验局（USDA-FSIS）已经建立了一个联合监管框架，以监管源自家畜、家禽和鲟形目鱼类的人类食品（FDA，2019）。根据该协议，FDA将监督生产的初始阶段，包括家畜、家禽和鲟形目鱼类的细胞采集、储存、生长和分化。监督权限将在收获阶段从FDA过渡到USDA-FSIS。之后，USDA-FSIS将监督所生产的肉类和家禽产品的加工、包装和标签。对于包含培养的海产品（鲟形目鱼类除外）或狩猎动物肉类细胞的食品，除了培养过程外，FDA还将监督加工、包装和标签。

　　细胞基产品的开发者应完成与FDA的上市前咨询，这通常会涉及所使用的工艺和最终产品，包括所使用的生物材料。如果这些关于细胞基产品安全性的咨询是成功的，并且一旦开始商业化，FDA将对其专属管辖的产品的生产过程启动检查。但来自家畜、家禽和鲇形目鱼类的细胞基食品开发者必须采取额外步骤，申请USDA-FSIS的检验许可。一旦获得USDA-FSIS的检验许可，FDA将对细胞基肉类或家禽产品的生产过程启动检查，USDA则将在收获阶段，以类似于监督传统肉类和家禽行业的频率进行检查。开发者还必须确保生产过程中的卫生和质量控制程序（如HACCP）到位。

　　家禽和肉类的标签属于美国农业部的管辖范围，但海产品（不包括鲇形目鱼类）的标签则属于FDA的管辖范围。这两个机构正在共同为来自培养细胞的动物食品制定一致的标签政策，两个机构都宣布打算解决这些产品的标签问题。FDA在2020年10月发布了一份"信息征集通知"，征求对"由培养的海产品细胞组成或含有这些细胞的食品标签"发表意见。FDA打算利用这一通知所收集的信息和数据，确定该机构应采取何种类型的行动（如果需要的话），以确保这些食品有适当的标签（FDA，2020）。FSIS则通过"拟议规则制定的预先通知（ANPR）"做了同样的工作，同时指出，由家畜或家禽细胞组成的细胞基产品的拟议标签将接受上市前审查（FDA，2020；USDA，2021）。值得注意的是，FSIS ANPR将细胞基产品与将先进的肉类分离技术应用于家禽以生产无骨"分离"肉的两个历史案例进行了比较。在机械分离家禽肉（MSP）的第一个案例中，由于这些机械分离家禽肉产品的物理形态、质地和成分（如骨含量）被认为与其他通过手工去骨技术生产的无骨家禽肉产品有实质性的区别，USDA-FSIS为此制定了新的鉴定标准。在第二个案例中，对于通过先进的肉类回收技术获得的新的肉类产品，USDA-FSIS没有施加新的标签要求，因为通过这种先进的肉类回收技术生产的肉被认为在成分、外观和质地方面与手工去骨技术获得的肉类相近，只要它是按照规定生产的。取而代之的是，USDA-FSIS制定了成分要求并修改了肉类的法律定义，以明确无骨肉制品（如通过先进肉类回收技术生产的肉）不允许含有大量的骨头或骨头成分。

　　美国农业部利用其ANPR征求对以下问题的意见：是否需要用术语来区分细胞培养的产品与其他产品，哪些术语应该出现在含有动物细胞的食品的产品名称中，如果名称指的是肉类或家禽产品的外形（如鱼片、牛排），哪些术语可能会有潜在的误导性，以及哪些名称可能对消费者和行业产生负面影响。它还询问是否应修改肉类和家禽产品的法律定义，以便包括或排除来自培养的动物细胞的食品。因此，ANPR中的这些监管和安全问题也涉及了科学调查所识别出的多个问题，如这些产品的命名对接受度和解释准确性的影响。

3.2.12　与宗教法律和法规有关的立法

正如 Bhat 等人（2019）所提到的，细胞基肉不涉及屠宰大量的动物，因此可以认为符合专门的宗教仪规，如清真、犹太洁食或锡克教教规 Jhatka。然而，用于启动细胞培养的细胞和活检物初始来源肯定会对消费者的看法和决定产生影响（Bhat et al., 2019）。如果培养基和初始细胞是清真的（如取自动物的成肌细胞和培养基被认为是清真的或不含动物成分的培养基），根据一些穆斯林学者的说法，这样开发的细胞基肉可能被伊斯兰法所允许（Billinghurst, 2013）。同样，如果最初的细胞取自根据犹太法屠宰的符合犹太洁食标准的动物，则根据几位拉比的说法，开发出的产品可能被视为符合犹太洁食标准（犹太饮食法允许的食品）。一些拉比最近关于犹太洁食标准的决定宣布，从牛卵裂球/囊胚中提取的胚胎干细胞（ESC）衍生的"培养肉"产品被认为是"犹太洁食"——即本质上不是肉，因此可以与乳制品一起食用（Greenwood, 2022）。由于宗教认证机构的性质不同，在这些问题上还没有达成共识（JTA, 2018；Kenigsberg and Zivotofsky, 2020；Shurpin, 2018）。

3.2.13　其他潜在的相关立法和法规

除了与食品安全相关的立法和法规外，细胞基食品生产可能还涉及其他监管要素。对于细胞来源和分离，可能会有与从活体或死体动物身上取活组织有关的立法，这可能涉及动物福利问题。此外，分离的细胞可能被储存在细胞库中，几个国家都有相关规定（EMA, 1998；FDA, 2010）。细胞基食品生产也可能产生新类型的生物或化学副产品和废物，对此适用具体的法规，如环境立法。此外，如果副产品符合饲料安全要求，也可能被用于饲料用途。

3.3　讨论

细胞基食品生产技术在近几年已经成熟，这些产品的商业化已经在有限的几个国家开始，而在未来几年，预计将在其他国家投放市场。考虑到细胞基食品生产在全球快速发展，各国可能希望做好充分准备，以便拥有必要的监管框架、机构和基础设施，能够评估细胞基食品和生产工艺的安全性，同时为销售这些产品所用的公认术语和标签要求制定立法。

对细胞基食品的监管和风险评估的全球发展分析表明，在大多数国家，细胞基食品可以根据现有的新型食品法规进行评估。新加坡已经对其新型食品法规进行了修订，专门纳入了细胞基食品（培养肉），而美国已经为用家畜（包括鲀形目鱼类）和家禽的培养细胞制成的食品起草了一份正式协议，涉及安全性和标签要求。此外，美国农业部已表示打算制定关于由动物细胞培养的肉类和家禽产品的标签的法规。这项新的标签法规正在通过遵循美国机构规则制定惯例的公开程序进行筹备。根据USDA/FDA达成的正式协议，FDA还征求对由培养的海产品细胞组成或含有这些细胞的食品的标签建议，以确定该机构在必要时应采取何种行动，以确保这些食品采用正确的标签。

在大多数国家，细胞基食品的标签应清晰、易懂、不误导消费者，并能与相关产品区分开来，如传统肉类或鱼类或植物性肉类替代品。"培养肉"的修饰语在世界各国似乎都没有规定，但在许多国家对"肉"部分的表述有限制。在德国和法国等一些国家，与传统肉类或肉类产品有关的术语将不被允许使用，而新加坡表示，在有适当的限定术语的情况下，肉类术语将被允许使用，而在美国和其他国家，这仍是一个有争议的问题。

其他可能具有重要意义的立法行为包括宗教食品法、关于取活组织的立法、动物福利立法以及清除"培养"肉类生产废物的环境法规（Stephens et al.，2018）。来自穆斯林和犹太教宗教学者的意见表明，细胞基肉制品可能分别被标为清真或犹太洁食食品，因此这些产品将遵守一些现有的宗教法，而这是能够在某些国家制造和销售细胞基食品的重要因素。然而，其他一些人也表示，是否能使用这类标签取决于在整个生产过程中究竟使用了哪些细胞和材料；因此，采取个案处理的方法可能是合适的，或者建立一些可以指导监管机构的标准。

©粮农组织/Oded Antman

　　这些进展可以作为其他国家的例子，帮助它们决定是否可以在其现有的相关食品法规中评估细胞基食品，或者是否需要为细胞基食品制定特定的法规，在这方面，这些进展可以提供一些信息，帮助它们了解哪些要素可能需要纳入新型食品立法中。为了建立监管框架，主管部门还必须与各利益相关方，包括消费者、私营领域、民间社会、伙伴机构和政策制定者进行透明的对话（FAO/WHO，2016）。

　　在2021年11月召开的第44届会议上，食品法典委员会基于粮农组织和世卫组织编写的题为《新的食物来源和生产系统：需要食品法典委员会的关注和指导吗？》的文件，讨论了这一重要议题（Codex Alimentarius，2021）。在会议期间，虽然重点讨论了与食品安全有关的一些新出现的问题，如海藻、微藻、可食用昆虫、蛋白质替代品和3D打印食品，但细胞基食品也被作为一个选项纳入了未来的讨论范围。食品法典执行委员会目前正在分析成员和观察员就这些问题提交的信息，以便确定食品法典委员会未来可能的工作方向（Codex Alimentarius，2022）。

　　目前，关于细胞基食品的食品安全方面的信息和数据数量有限，无法支持监管机构做出知情决策，因此，需要推动积极的全球数据共享，以采用基于证据的方法来准备任何必要的监管行动。对于中低收入国家来说，开始与其他国家和国际组织进行对话，学习他们的经验，获得技术咨询和援助，以发展保障细胞基食品安全这一重要能力，可能是有益的。同样重要的是，需要在全球范围内讨论这些问题，分享经验和良好做法，因为这有助于加强适当和有效的监管框架的建立，避免重复劳动。

C 国家案例研究

1 以色列——国家背景

1.1 术语

在以色列，消费者保护法要求所有的产品标签必须真实、准确和可验证，以便向消费者充分反映产品的真实性质。确定一个达成一致的固定术语对于监管目的来说至关重要，尤其是对于标签而言。因此，相关主管部门将定义一个独特的术语，以将传统肉类产品和"细胞"产品区分开来。尽管在以色列，术语应以希伯来语设定，但标签也需要以阿拉伯语标注，而且在许多情况下还需要以英语标注。因此，以这三种语言定义的术语应具有相同的含义，并应尽可能准确地翻译。

目前，以色列还没有一个正式的或法律上的定义来描述细胞基食品，无论其来源如何：肉类、禽类、鱼类或海鲜类产品。在希伯来语的媒体中，有几个常用的术语，在某种程度上是众所周知的，并且为公众所熟悉。这些术语包括："[修饰语] *Meturbat* – מתורבת[ ]"，希伯来语指培育的、培养的、精制的或家养的（肉类、家禽等）；"[修饰语] *Maabada* – מעבדה[ ]"，希伯来语指实验室（培育的）（肉类，家禽等）。不太常见的术语包括"[修饰语] *Syneteti* – סינטטי[ ]"，希伯来语指合成的（肉类、家禽等）；"[修饰语] *Naki* – נקי[ ]"，希伯来语指干净的（肉类、家禽等）。

除了讲希伯来语的人口外，约有20%的以色列公众讲阿拉伯语，并阅读阿拉伯语的媒体。讲阿拉伯语的人口所知道的常用术语包括："[修饰语] *Masna* – مصنع[ ]"，阿拉伯语指加工的（肉类、家禽等）；"[修饰语] *Mazru* – مزروع[ ]"，阿拉伯语指培育的（肉类、家禽等）；以及"[修饰语] *Fi'l Muhtabar* – في المختبر[ ]"，阿拉伯语指实验室（培育的）（肉类、家禽等）。

卫生部（MOH）下属的以色列国家食品服务局（NFS）正在设计公众调查，以研究公众对细胞基食品的接受程度，并研究标签对公众认知的影响。除此之外，还考虑了在细胞基产品的标签上完全不使用"肉"字的可能性。

1.2　目前状况

截至2022年7月，尽管以色列已经是该领域的全球研发中心，但在以色列没有任何细胞基食品获得批准，也没有任何产品投放市场。目前，在以色列有13家细胞基食品创业公司处于不同的开发和扩大规模阶段。这些初创公司生产各种细胞基产品，包括各种类型的肉类、家禽、鱼类以及其他类型的海产品。

在2021年，对以色列的细胞基食品初创公司的投资额为5.07亿美元，占2021年期间全球对细胞基食品投资总额的36%（图6）。这些资本来自本地和外国投资者。

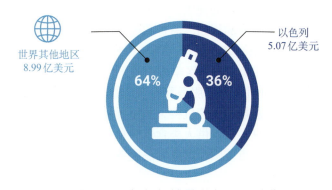

世界其他地区
8.99亿美元

以色列
5.07亿美元

64%　36%

图6　2021年全球对细胞基食品的投资情况

资料来源：好食品研究所（GFI）。2022。《以色列替代蛋白质创新状况报告》。以色列好食品研究所。https://gfi.org.il/resources/israel–state–of–alternative– protein–innovation–report–march–2022/

注：2021年期间，全球对细胞基食品企业的投资中有36%投向了以色列公司，尤其是两家公司。

以色列的细胞基食品初创企业正日益吸引以色列和国外成熟的传统食品制造商的注意。几家大型传统食品制造公司已经与来自食品和农业技术领域以及制药领域的初创公司合作，评估和开发生产细胞基食品的技术。这些合作和投资表明了以色列境内蓬勃发展的创业环境。

最近，该行业在各种媒体平台上发起了更多的公共关系活动，但主要是在线和社交媒体。这些活动强调了细胞基食品与传统的动物源性食品相比，在多个环境性能指标方面的优势。这些活动侧重于细胞基食品生产的可持续性、道德和人道方面，并针对有环境意识的消费者，旨在不仅触达素食者和严格素食者，也触达弹性素食者。以色列有关标签的立法直接涉及与环境优势有关的声明，因为标签立法涵盖与食品有关的任何和所有出版物。因此，这些声明必须是真实的、准确的和可证实的，然后才能将细胞基食品投放到以色列市场。

总的来说，以色列的消费者是相当自由的，对尝试创新技术和新食品持开放态度，但目前还没有针对细胞基食品这一主题的正式消费者研究。这一领域越来越需要进行相关研究，以评估一般人群和特定亚人群的接受度，并对一般公众可能消费的数量进行估计。以色列国家食品服务局正在设计一项研究，以深入了解公众对这些产品的接受程度。对消费者未来食用细胞基食品的概率进行数据驱动的评估，将有助于风险评估和上市前审批的整个过程。

1.3　监管框架

1.3.1　监管/主管部门

以色列卫生部负责确保民众的健康。卫生部制定有关健康和医疗服务事项的政策，并负责卫生系统服务的规划、监督和控制、许可和协调。卫生部提供住院和预防医学、心理健康、老年医学、康复和公共卫生等方面的保健服务。卫生部的公共卫生服务部门负责预防医学方面的工作，其中包括食品和营养。

以色列卫生部下属的国家食品服务局是负责制定与在以色列市场上销售的食品有关的食品标准和法规的监管机构。国家食品服务局的职责是为消费者确保食品的安全、质量和真实性。供人类食用的食品的供应和安全的所有方面都属于国家食品服务局的职责范围，国家食品服务局制定的标准、法规和法律将在全国各个地区实施。

国家食品服务局监管当地的食品生产、食品进出口，并负责颁发进口和生产相关的许可证。它还监督食品生产、营销和销售的各个环节。国家食品服务局进行风险管理评估，以确保食品可以安全食用。

包括细胞基食品在内的新型食品的预批准程序属于国家食品服务局的职责范围。这一过程包括与新型食品委员会的讨论，该委员会考量此类食品各方面的安全性（如毒理学、营养等）。在更大的范围上，以色列农业和农村发展部、环境保护部和经济部可能需要就特定的细胞基食品议题进行合作。

1.3.2　监管类别

根据以色列法律，细胞基食品被认为是一种新型食品。在以色列，新型食品的定义是在2006年2月该国第一个关于新型食品的法规生效之前，在以色列没有多少人食用过的食品。以色列的新型食品法规框架中概述了这类食品上市前的授权程序。该框架将新型食品定义为至少符合以下标准之一的食品或食品成分，且不属于食品添加剂、食品补充剂、加工助剂或食品调味剂类别：

（1）具有新的初级分子结构，或其初级分子结构被有意识地改变，且在

2006年2月之前，在以色列没有足够长的人类安全食用历史。

（2）含有转基因生物或其一部分。

（3）含有植物、动物、微生物、真菌或藻类，或来源于这些生物，但这些生物在以色列没有足够长的人类安全食用历史。

（4）所采用的工艺在以色列以前从未用于食品制造或从未用于制造该特定食品类别或食品成分，特别是如果这个工艺导致食品的组成、结构或成分发生重大变化，并影响其营养价值、代谢质量或不良物质水平。

细胞基食品可能属于《公共卫生保护法》（食品）中定义的"肉类"或"加工肉类制品"的食品类别：牲畜（牛、绵羊、山羊、鹿、水牛、骆驼、马、骡子、驴、猪和兔子）、禽类（鸡、鹅、鸭、火鸡、鸽子、天鹅、番鸭、野鸭、孔雀、珍珠鸡、鸵鸟、鹌鹑和野鸡）和水生动物（鱼、甲壳类和软体动物）的可食用部分，无论是否带骨和带皮。细胞基食品的确切性质仍然需要在这一范围内进行监管定义；一个国际公认的定义将有利于协调和贸易。

在以色列，所有食品类别都被分为两组，即"普通食品"和"敏感食品"，而这决定了对它们的监管要求。敏感食品类别受到更严格的监管（例如，本地生产和进口的食品都需要取得良好生产规范（GMP）和危害分析与关键控制点（HACCP）证书。细胞基食品属于敏感食品类别，尽管监管部门有可能创建一个新的类别。

2019年颁布的《公共卫生保护法（食品）》（敏感食品公告）列出了那些可被视为"敏感食品"的产品，其目前包括：

（1）牛奶和牛奶制品及其类似物，其中含有牛奶成分；

（2）肉类及其制品；

（3）鱼和鱼制品，包括贝类、甲壳类和棘皮动物类；

（4）鸡蛋及其制品；

（5）蜂蜜及其制品；

（6）含有明胶或胶原蛋白或两者兼而有之的产品；

（7）低酸度（pH＞4.5）的罐装食品；

（8）必须在控制温度或法律规定的温度下储存、保存或运输的食品，只要温度要求低于8℃；

（9）用于特殊营养目的的食品，但标有"无麸质"的食品除外，具体规定如下：

①拟供婴幼儿食用的食品，包括标示为婴幼儿食品的复合物和辅食，

②法律规定的指定食品，但标有"无麸质"的食品除外，

③旨在全部或部分替代日常饮食的食品，包括供运动员服用的配方奶粉或营养补充剂，

④法律规定的膳食补充剂，

⑤在食品工业中用作营养素的维生素、矿物质和氨基酸；

（10）蘑菇或其混合物，包括以蘑菇为主要成分的产品；

（11）用于食品工业或作为成品使用的微生物；

（12）瓶装饮用水、矿泉水和基于矿泉水的饮料；

（13）用于零售营销的食用色素；

（14）自然形态的阿拉伯茶（*Catha edulis*）植物的叶子，可供咀嚼。

1.3.3　相关法律法规

除2006年颁布的《新型食品条例》外，新型食品还必须遵守所有相关的以色列食品立法，这些法律涵盖食品安全的多个方面。2015年颁布的《公共卫生保护法（食品）》是以色列关于食品安全监管的主要立法。该法引入了一个全面和一致的官方控制体系，由负责公共卫生监督的公共机构对供人类食用的食品进行控制。官方控制会垂直覆盖整个食品链：从食品离开初级生产基地开始，到进入加工阶段，然后进入市场，最后到达消费者手中的整个流程。该法列出了安全和质量标准，以及控制的组织和行政架构。有多个负责官方控制的机构，其职责各不相同。

现行要求由2015年颁布的《公共卫生保护法（食品）》规定，要求以色列的小型和大型食品制造商在开始生产食品之前必须获得制造商许可证。该许可证可以从当地市政当局获得，同时需要获得该设施所在地区的卫生部食品检查员对其卫生计划的核准。该法规定了对食品生产的监管要求，并且对几个食品类别有特定的监管程序和食品标准（由以色列标准协会制定）。

涉及细胞基食品的其他法规包括与各种污染物、化学品和生物危害的水平以及农药残留有关的法规。在欧盟委员会第1881/2006、73/2018、2073/2005和396/2005号条例通过后，这些条例最近进行了修订，以与欧盟法律保持一致。食品法典委员会关于食品添加剂等各种问题的补充指南也适用于以色列。

1.3.4　授权要求

如前所述，根据以色列2005年颁布的《新型食品条例》，细胞基食品被视为新型食品。因此，细胞基食品在投放市场前需要得到国家食品服务局的上市前批准。申请人必须提交一份完整的安全档案，以证明产品供人类食用的安全性，并接受新型食品委员会和卫生部的食品风险管理部门的科学评估。图7概述了该程序。在提交所有资料后，可能需要等待一年的时间才能收到最终反馈。

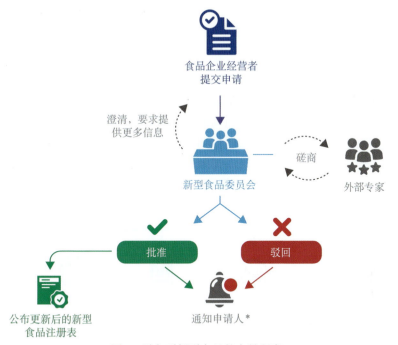

食品企业经营者
提交申请

澄清，要求提
供更多信息

新型食品委员会

磋商

外部专家

批准

驳回

公布更新后的新型
食品注册表

通知申请人*

图7 以色列新型食品的审批程序

资料来源：作者自己的阐述。

注：术语"主管机构"指新型食品指南中列出的主管部门。

*从提交完整的档案材料之日起6～12个月。

该档案资料应包括：

（1）完整的科学概述，包括所有证明该产品供人类食用的安全性的支持数据；

（2）对生产过程的详细描述，包括但不限于如何实施基于HACCP的食品安全计划，关于最终产品的包装、标签和储存的信息；

（3）支持产品安全的数据，如安全食用的历史、毒理学研究、潜在过敏原的识别、成分和营养数据、食物类别的预期摄入量，以及总体风险评估。

新型食品的评估是以个案为基础的，具体的数据要求取决于要评估的新型食品的类型。新型食品委员会由多个领域的专家组成，包括：食品工程、生物技术、毒理学、兽医学、动物科学、营养科学、环境卫生、遗传学、细胞和分子生物学、微生物学、发育生物学等。

关于细胞基食品的具体安全要求仍在立法的过程中，与此同时，监管部门也在努力确定和沟通与食品安全和公共卫生有关的现有和新的危害。有关细胞基食品的其他方面的信息也将包括在档案中，但不涉及食品安全和公共卫生问题，而是与生产过程的可持续性和最终产品的拟议标签有关。

1.3.5 生产、零售和进口/出口的步骤

细胞基食品的生产和零售

通常来说，细胞基食品的商业生产需要有食品生产许可证和营业执照。这些许可证并不是专门针对细胞基食品生产商的，而是以色列整个食品行业都需要的。许可证是在政府和地方当局的几个主管机构对生产现场进行检查后颁发的，这样做是为了确保相关法规得到遵守。食品安全法规由国家食品服务局负责执行，包括卫生、生产布局、接触面等。这些法规规定了对食品生产商的一般要求。与食品安全无关的法规包括分区、火灾和化学危害、环境、劳工等，由各地方当局或其他政府部门负责（图8）。

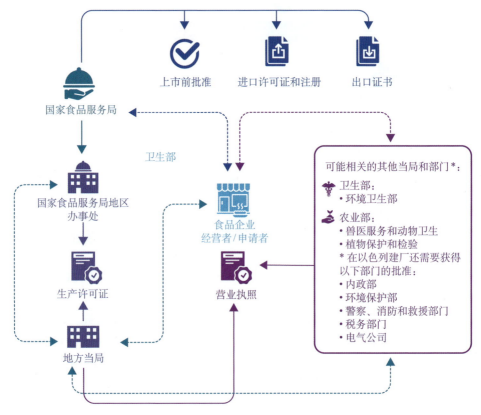

图8 各个阶段的细胞基食品初创公司可能需要打交道的监管机构和部级办公室，包括上市前审批和发放商业生产所需的许可证

资料来源：作者自己的阐述。

注：其他细节见第2.5.1节。卫生部和国家食品服务局负责颁发上市前审批、进口许可证和出口证书（深蓝色字体），国家食品服务局地区办公室负责颁发生产许可证（红色字体）。虚线表示沟通渠道。

如前所述，根据2006年颁布的《新型食品条例》，细胞基食品被视为新型食品。该《条例》规定，新型食品在投放市场前需要得到国家食品服务局的批准。该局目前正在努力确定所需的要求，以确保细胞基食品一旦投放市场，不会对公众健康构成威胁。

除一般要求外，细胞基食品还被视为敏感食品。敏感食品的生产场所需要实施基于HACCP的食品安全计划，其中一些食品类别还需要获得国家食品服务局颁发的GMP证书。GMP标准是以色列的标准，结合了ISO 22000、ISO 9001和HACCP原则。

细胞基食品的出口和进口

关于细胞基食品的贸易，以色列主管部门已经与外国主管机构进行了几次讨论，以了解未来从以色列出口细胞基食品的程序，为未来可能的出口做好准备。所有食品进口商则都被要求在国家食品服务局注册食品，以便进口到以色列。根据与进口食品有关的《新型食品条例》，细胞基食品在进口到该国之前需要获得预先批准。总体而言，在收到申请时以色列主管部门会参考外国主管机构的上市前批准。

以下步骤可以加快审批程序：

（1）在国家食品服务局注册进口商和食品；

（2）向国家食品服务局申请批准普通食品的申报，或申请进口敏感食品的预批准；

（3）为新型食品申请预批准；

（4）在食品到达港口时进行检查，并获得允许食品从港口放行的许可证；

（5）在储存地点检查食品。

在每个阶段，进口商都要按照程序行事，并根据其进口的食品类型出示所需文件。

1.4 食品安全评估

1.4.1 评估指南和步骤

新型食品申请可以提交到有安全保障的国家食品服务局的门户网站，不需要特定的格式。这意味着，只要申请和提交的所有文件都是英文的，档案资料就可以包括之前提交给其他主管部门的安全评估。

国家食品服务局目前正在根据几个预提交的细胞基食品（试点项目）申请文件起草细胞基产品的评估指南。在这方面，推出有关细胞基食品安全各个方面的国际指南和协调标准及协议将有很大帮助。

1.4.2　识别与食品安全有关的潜在危害或关切点以及风险管理

国家食品服务局已根据在当地选择的几个案例研究起草了初步评估指南，并已收到了细胞基食品监管市场预批准的申请。国家食品服务局已经为这个试点项目起草了初步的安全性数据要求，最终目的是正式制定明确的安全性指南和要求。这一进程目前正在与业界合作进行，目的是推动就新出现的关切问题进行公开对话。

目前提交细胞基食品审批申请所需提供的安全性数据包括：产品规格、生产工艺、消费者和营销问题等。下面列出几个关键点：

（1）**细胞系身份**：应提交确定原代细胞系和生产过程中使用的细胞系身份的详细信息。该信息应包括对所有步骤的描述，从细胞的取样方法、来源组织和细胞来源的动物开始，并提及其在整个生产过程中的遗传特性和稳定性。

（2）**改造、选择、扩增和储存细胞**：应概述对取自来源动物的原代细胞进行的任何和所有的基因改造或基因选择，以及随后的任何选择、扩增和储存步骤，并应说明这些步骤对最终产品的安全性产生的任何潜在风险。

（3）**生产过程**：应包括对整个过程中的培养条件的详细描述，包括培养基的组成（重点是提及以前未在食品工业中使用的新成分）、各种添加剂的特性和纯度、重组蛋白、生长因子、支架材料等。该过程还应该包括强制性GMP和HACCP系统的实施，并说明为确保生产过程和现场的卫生所采取的所有步骤。

（4）**过敏原和毒素**：确定任何可能包含在最终产品中的过敏原或毒素，其来源于细胞团块、支架材料、最终产品的加工等。

（5）**最终产品的规格**：包括一些批次的规格证书，证明符合对各种已知食品污染物（如重金属）和其他化学污染物以及相关微生物的监管限制。应考虑可能存在引起健康问题的新型污染物，如残留的激素和生长因子等，应予以妥善处理。规格中包含的其他信息应说明最终产品的特点，包括营养价值、最终产品中的细胞生物量比率等信息。

（6）**保质期和标签**：提交确定产品保质期的数据以及储存说明。建议标签内容应包括烹饪方法、警告标识和营养价值。

（7）**暴露评估**：提供有关产品零售模式的信息，如产品是否可以直接食用，是否可以直接烹饪等，以及有关预期的每日摄入量的信息，包括针对特定弱势群体的任何摄入量限制。

（8）**可持续性**：要求对生产过程的可持续性进行评估，即提供每千克产品的能源消耗数据。这一要求与产品的安全性评估无关，但其目的是验证媒体中出现的关于这些产品的可持续性的各种不同的说法，并逐步建立起未来消费者对这些产品的认知和接受度。然而，鉴于目前的生产规模和供应链不稳定，生命周期评估分析可能会被夸大，而且无法完美地反映对环境的整体影响。长远来看，以色列目前不要求食品的可持续性标签，但将来可能会要求。

在国家食品服务局专家人员的要求下，通过参与试点的公司不断提交额外的安全数据，这些一般要求正在被完善和正式化。

风险管理方案仍在考虑之中。对申请的评估是逐案进行的，在所有的安全性问题得到满意的解决并满足监管要求后，每个生产商都会得到一个针对特定技术－工艺－产品组合的市场预批准。

1.5 食品安全以外的其他关键考虑因素

1.5.1 标签

根据以色列食品法，食品标签包括在不同媒体上发布的有关该食品的信息。标签要求真实、不误导、可核实，以便向消费者充分反映产品的性质。以色列法律规定的一般食品标签要求适用于所有投放市场的食品，新型食品也不例外。一般标签要求涵盖了诸如食品名称、食品内容物（重量或体积）、成分和营养价值等事项。此外，还要求对被归类为高饱和脂肪、高糖或高盐的食品贴上警告标签（红色贴纸）。

除了有关食品安全的现有要求外，对于任何投放市场的食品，包括细胞基食品，卫生部强调透明度和向最终消费者提供相关信息的价值，以使消费者能够做出知情选择。额外需提供的信息可能包括监管机构规定的强制性术语、细胞培养的具体动物来源、细胞占产品总质量的百分比等。

1.5.2 技术能力

以色列面积不大，资源有限。过去几年，私营领域对细胞基食品的投资迅速增加，以色列开发这类食品的公司也迅速增多，并且开发的产品种类广泛且性质各异，这给监管者带来了真正的挑战，使他们很难随时了解该行业对政策、指南和法规的需求，但他们又需要推出能够鼓励这一新兴行业发展的政策。

在过去几年中，以色列政府宣布希望促进以色列的食品技术产业，包括细胞基食品，并增加了政府投资以促进学术界和公共部门的能力建设。然而，仍然缺乏独立的科学研究，能够充分涵盖将细胞基食品引入市场所产生的安全、营养、行为和临床问题。

由于对细胞基产品的评估采用的基本要求和监管框架与对新型食品的安全评估是相同的，因此，在以色列已经具备评估与细胞基食品行业相关的现有和新出现的食品安全危害及风险所需的基础设施。为了使监管机构能够进一步跟上行业需求，满足以色列不断增长的、广泛的和多样化的细胞基食品行业的需求，需要增加人力资源和预算。扩大以色列现有实验室的能力和实力，开发新的分析方法，将进一步支持行业和监管部门的需求。

1.5.3 环境影响

人们普遍认为，生产细胞基食品比通过传统的动物养殖方式生产食品更加环保和可持续。这一假设在饲料转化率、水的使用、动物废弃物、土地使用、兽医用药、温室气体排放（GHG）等方面有一定的科学依据，但数据仍然不足，其影响仍在争论之中（Santo et al.，2020）。该行业在做出这样的声明之前必须经过科学验证，以免误导公众。

除了假定的细胞基食品的环境效益外，发展一个本地的和自给自足的市场可以产生间接的环境效益。这种好处可能是缩短供应链的结果，特别是考虑到以色列目前有很大比例的牛肉和小反刍动物是进口的。预计对动物福利和动物健康的影响也是积极的。预计减少传统的养殖方式，减少牲畜运输和缩短供应链将按照全球和以色列的承诺减少温室气体排放。

1.5.4 经济增长和可持续性

如前所述，目前政府和学术界在细胞基食品生产方面的研发能力是有限的，在较小程度上，私营领域也是如此。为了拓展这些能力，并使安全、营养、可持续和美味的产品以有竞争力的价格生产出来，将需要新的技术，改进分析和解读技能。

以色列已经确定了一些措施来推动这些方面的能力建设，例如：

（1）建立一个国家食品研究所，在试点阶段为生产提供分析设备和物理基础设施；

（2）建立一个微型工业区，将基础设施和专门知识连接起来，以在试点阶段促进新食品技术的生产；

（3）鼓励和资助本地开发和竞争性生产细胞基食品生产各阶段所需的新成分，以及本地和国际上需求的成分；

（4）通过提升对该领域的认知、招募新的研究人员和分配研究经费，吸引有成就的学术研究人员；

（5）在学校课程中引入食品技术，从小学低年级开始，一直到中学后教育；

（6）建立一个食品技术中心，以促进利益相关者之间的对话，并从产业发展的最初阶段就举办行业和监管机构之间的会议；

（7）在产业发展的不同阶段为该领域的企业制定明确、动态的指导方针。

1.5.5 粮食安全

以色列是一个严重依赖粮食进口的小市场，包括源自动物的食品。尽管粮食安全在以色列不是一个尖锐的问题，但某些亚人群的营养不良状况，特别是那些社会经济水平较低的人群，是一个令人关切的问题。

根据卫生部的建议，优质、有营养和可获得的蛋白质来源可以填补营养缺口，促进更健康的饮食。从理论上讲，体外培育的细胞基食品可以通过富含特定的维生素和矿物质，以及减少对健康有不利影响的不需要的成分，如饱和脂肪，来满足特定的营养需求。

另一方面，细胞基食品对人类健康各个方面的影响仍有待确定，包括代谢平衡、消化率、生物可及性、对微生物组的影响、认知、饮食模式等。此外，细胞基产品的推出可能会影响消费者的饮食习惯（例如，对于素食者和严格素食者以及宗教信仰者）。

全球政治不稳定有可能改变某些食品的分配并限制其供应。对全球供应链产生影响，可能会对那些严重依赖进口食品的国家产生更严重的影响，并可能降低他们维持人口粮食安全的能力。这样一来，一个可持续的、独立的地方产业可以为一个国家的粮食安全作出贡献。

粮食安全也可能因为各种自然或人为的影响而不稳定，如气候变化。例如，气候变化的影响可能会降低一个国家农业的复原力，同时也会减少粮食的贸易量，这将使满足人口的营养需求变得困难。

1.5.6 犹太洁食/清真状态

在以色列，大约74%的人口是犹太人，18%是穆斯林，其余的人则属于其他少数族群，如基督徒、德鲁兹教徒和其他群体（Central Bureau of Statistics, 2021）。犹太人和穆斯林都有关于动物源性食品的宗教规则。犹太教的Kashrut和伊斯兰教的Halal是宗教饮食法规的集合，禁止食用某些食物，并要求其他食物以特定的方式准备。对于细胞基产品，其是不是属于犹太洁食的争论仍在继续。首先，如果产品源自宗教法禁止并被视为Tareif（不可食用的）的动物，或源自被犹太法禁止食用的动物，那么产品本身就属于Tareif。其次，必须确定这些细胞基产品，特别是那些源自哺乳动物的产品，是否不被视为肉类产品，是否应按照Kashrut法的定义作为Parve（不归类为肉类或乳制品）处理，允许与乳制品一起处理和食用。

这些辩论仍在进行中，目前在这些问题上还没有达成共识，特别是考虑到犹太教内部的不同流派。一个例子是Tzohar拉比组织的一项决定，该组织宣布从牛囊胚中提取的胚胎干细胞的细胞基肉产品被认为是Parve，因此可以与乳制品一起食用（Tzohar，2022）。应该注意的是，一旦这些产品投放市场，类似这样的宗教裁决可能会大大改变信奉犹太教的犹太人对这些产品的饮食摄入量。

1.6 讨论

新型的食品监管框架在以色列已经确定并到位。它适用于需要个案评估和上市前批准的细胞基产品。国家食品服务局正在评估几种已在试点提交程序框架内预先提交的细胞基食品。这一程序使得申请人和监管机构之间能够进行持续的对话，使得申请人能够提交评估细胞基食品对公众健康的任何潜在现有和新出现的危害所需的相关安全性数据。

以色列的细胞基食品行业正在快速发展。这就要求监管机构及时了解新技术和新产品的情况，以便他们能够进行专业和负责任的风险评估。它还要求监管机构更好地管理风险以保护公众健康，同时又不成为创新和经济发展的障碍。

细胞基产品还提出了食品安全考虑之外的独特挑战和问题，如营养价值、标签要求、宗教许可、公众接受度和可持续性。监管机构和全球社区在食品安全要求方面的持续合作和公开对话将加强和改善新兴的细胞基食品行业，并帮助该行业满足所有安全要求，以保护和促进人类健康。

© Steakholder/Shlomi Arbiv

2　卡塔尔——国家背景

2.1　术语

截至2022年5月，卡塔尔和大多数国家一样，没有正式的术语来定义所谓的细胞基食品。卡塔尔认识到使用术语的重要性，因为这将使消费者能够清晰地理解细胞基食品以及细胞基食品生产（属于细胞农业的范畴）。所使用的任何术语还必须符合相关标准、技术法规和规范的要求。

第一步是为产品确定一个明确其性质和特点的名称，以避免在消费者中产生任何混淆或误导。重要的是，首先要了解这些产品的特征，通过描述产品和它的生产方式来实现明确的定义。根据Seon-Tea等人（2022）的定义，培养肉是指利用人工细胞培养技术生产的肉。它是通过培养主细胞而制成的，而这些主细胞本身是通过活体或被屠宰动物的组织活检或胚胎干细胞采集的样本而获得的（Ding et al.，2018）。在伊斯兰教的背景下，细胞基肉可能被定义如下：

> 细胞基肉制品是通过体外培养细胞获得的产品，培养的主细胞来自对动物组织的活检或从被屠宰的动物身上切割的组织或胚胎干细胞，条件是屠宰、细胞采集和实验室生产过程中的每个步骤都符合伊斯兰教法的要求。

有几个相关的海湾国家出台的标准文件专门规定用于描述食品的名称应该传达的内容（www.gso.org.sa/store/?lang=en）。对此进行控制的目的是为了确保给消费者提供清晰的产品信息。目前，阿拉伯语媒体上使用最多的术语是"اللحوم المستزرعة"，从字面上翻译成英语就是"养殖肉"。为了实现术语的国际统一，卡塔尔寻求关于细胞基食品所用术语的国际指导。同样值得注意的是，卡塔尔有大量讲英语的外籍人士，因此有必要定义相应的阿拉伯和英语术语，以实现标签的清晰标识。

2.2　目前状况

截至2022年7月，卡塔尔还没有在市场上销售的细胞基食品。然而，卡塔尔政府于2021年批准了在卡塔尔境内的卡塔尔自由区边界内建立一个细胞基食品生产工厂（仅生产）。根据适用的法律（如2005年第36号法律），卡塔尔自由区被认为是在国家的行政边界之外，有自己的法律，不受国内适用的所有立法的约束。然而，在区域和地方性法规出台之前，允许在卡塔尔自由区建立工厂并不意味着允许为当地市场进口这些产品。

2.3 监管框架

2.3.1 监管/主管部门

概述

卡塔尔的食品安全监管框架由多个政府机构负责管理（图9），因为该国没有专门的主管部门管理食品安全和管控食品进出口以及从农场到餐桌的食品处理事务。有两部相关的法律，一部是2014年的第44号埃米尔法令，根据该法令建立了卡塔尔标准和计量总局（QS）；第二部是1990年的第8号法律（关于人类消费食品的监管和控制）及其修正案（2014年的第4号法律和2017年的第20号法律）。这两部法律规定，公共卫生部（MOPH）、商业和工业部（MOCI）、市政和环境部（MME）以及海湾合作委员会（GCC），包括海湾合作委员会标准化组织（GSO），一起协调食品安全相关问题。

虽然将食品安全局设置为一个独立的部门仍在考虑之中，但最高委员会正在评估制定新的食品安全法。同时，目前监管食品安全的政府主管部门可以分为三个层级。

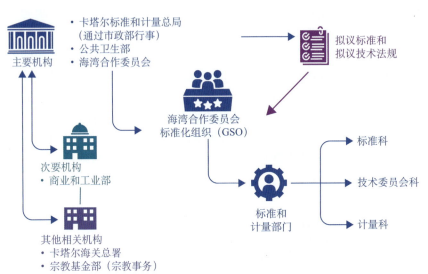

图9 卡塔尔负责食品安全监管的主管机构概览

资料来源：作者自己的阐述。

主要机构

（1）卡塔尔标准和计量总局（QS）通过市政和环境部（MME）行事：市政和环境部的管辖范围主要是对在国内流通的食品（如市场和餐馆）进行控制和检查，而市政和环境部在法规中的唯一干预是证明由卡塔尔标准和计量总局发布的标准已经由海湾合作委员会标准化组织（GSO）实施。市政和环境部对卡塔尔标准和计量总局标准的干预是由于其与2014年埃米尔法令（44）所制定的法律有关，该法令规定卡塔尔标准和计量总局是一个公共组织，其法律实体隶属于市政和环境部。公共卫生部（MOPH）则是通过卡塔尔标准和计量总局提出修订现有食品标准的计划或新的食品标准计划，由卡塔尔标准和计量总局送交海湾合作委员会标准化组织，供海湾合作委员会各成员国审查。一旦获得通过，海湾合作委员会标准化组织将通过各成员国的标准和计量总局在各成员国实施新的食品标准或修正案，在卡塔尔则是通过卡塔尔标准和计量总局实施。

（2）公共卫生部（MOPH）通过食品安全和环境卫生局（FSEH）行事：食品安全和环境卫生局在执行所有与食品安全事项有关的卫生政策方面发挥有效作用，并根据1990年第8号法律赋予公共卫生部的权力，对食品进行控制以确保消费者的安全。食品安全和环境卫生局在处理和交易食品的地方进行食品控制和检查，以确保食品的安全性和合法性。它还禁止处理任何不符合主管当局的规格和要求的食品。此外，它还与多个部门合作，应对与食品安全和合法性有关的紧急情况，并管理和运营实验室，以检查和分析食品样本。公共卫生部还提议新的食品标准，对现有食品标准进行修订，并向卡塔尔标准和计量总局提议修订案或新的标准，因为公共卫生部是国家委员会的成员（该委员会由卡塔尔标准和计量总局创建）。卡塔尔标准和计量总局将根据国家委员会的提议将所有信息提交给海湾合作委员会标准化组织。

（3）海湾合作委员会标准化组织（GSO）：GSO是一个区域性的标准化组织（RSO），根据海湾合作委员会（GCC）最高理事会的决议（第22届会议，阿曼马斯喀特，2001年12月30—31日）成立，于2004年5月开始运作，成员包括以下国家的主管部门：巴林、阿拉伯联合酋长国、科威特、阿曼、卡塔尔、沙特阿拉伯和也门（2010年1月加入）。海湾合作委员会标准化组织旨在统一各种标准化活动，并与成员国的国家标准化机构（如卡塔尔标准和计量总局）协作，跟踪其对标准的实施和履行情况。这样做是为了促进生产和服务领域的发展、内部贸易的发展、消费者保护、环境和公共卫生，并推广海湾地区的工业、产品和服务。此外，所有这些举措都是为了支持海湾经济，维护成员国的利益，并根据海湾合作委员会海关联盟和海湾共同市场的目标，为减少技术性贸易壁垒做出贡献。

次要机构

商业和工业部（MOCI）（在1990年第8号法律中被称为经济和商业部）：商业和工业部主要负责监督卡塔尔的商业和工业活动，根据国家发展要求指导这些活动。其任务包括发展吸引投资所需的商业，以及支持和发展出口。商业和工业部还负责制定向商业和投资领域提供公共服务的方法和程序，规范贸易行业，注册商业和投资机构，发放相关和必要的许可证，并监督其主管领域内的市场监管和控制。它还采取必要措施保护消费者，打击商业欺诈，保障竞争和防止垄断行为，并保护知识产权。在监管框架中，商业和工业部有权提出意见并对卡塔尔标准和计量总局颁布的标准进行修订，因为它是世界贸易组织（WTO）和其他国际组织以及国际政府实体的协调中心。这使得商业和工业部成为建立食品监管框架的重要利益相关者。

其他相关机构

（1）卡塔尔海关总署（在1990年第8号法律中被称为海关部门）。在食品监管框架中，该机构没有管辖权。它主要是一个执行机构，遵循海湾合作委员会标准化组织发布的法规。如1990年第8号法律所述，在任何其他与食品有关的问题上，它与公共卫生部协商。

（2）宗教基金部（宗教事务）：当一种食品被归类为肉类或肉制品时，或者如果该产品需要相关的法特瓦，该部将参与其中（法特瓦是由合格的法律学者对伊斯兰律法的某一点做出的正式裁决或解释。法特瓦通常是针对个人或伊斯兰法院的问题而发布的）。

2.3.2　监管类别

《食品法典》规范在海湾合作委员会国家，特别是在卡塔尔新的或已经通过的法规中发挥着重要作用。公共卫生部的食品安全和环境卫生局是监管框架中的主要负责机构，负责执行和实施该国食品监管的标准和法规。它还参与进口/出口事宜。食品安全和环境卫生局使用《食品法典》作为食品分类的参考。卡塔尔的食品类别是根据《食品法典》的世界分类法进行分类的，从乳制品开始，到未分类的食品（即第16组）结束。该文件在表格中描述了不同的食品类别，对每种类型的食品都进行了分类。

文件中描述的每个食品类别都有相应的标准和技术规范，以根据产品的性质和相关风险水平来控制和监测产品。为了对一种食品进行分类，有必要对产品进行明确的描述，该描述要涵盖该类食品的特定标准或技术法规，其中包括对产品性质和相关危害的定义。由于细胞基肉制品还没有一个国际或国家标准或技术法规，因此还不能对其进行分类。当此类产品的食品标准获得通过后，将根据其性质和潜在危害进行分类。因此，细胞基肉制品可归入肉和肉制品，包括家禽和野味（第8类），或归入鱼和鱼制品，包括软体动物、甲壳动物和棘皮动物（第9类），或归入预制食品/复合食品——不能归入第1至15类的食品，属于第16类。

至于食品分类的主管部门，主要是公共卫生部（因为法规的提案/方案是由食品安全和环境卫生局的专家撰写的）、卡塔尔标准和计量总局、海湾合作委员会标准化组织以及商业和工业部。值得注意的是，如上所述，如果产品被归类为第8类，或该产品需要相关的法特瓦，则需要宗教基金部（宗教事务）的介入。最近，海湾合作委员会国家实施了新的新型食品一般要求标准GSO 2696:2022，这可能表明细胞基肉制品将被归入新型食品。

此外，还需要确定细胞基食品是被列入新型食品目录清单，还是被列入一般认为安全（GRAS）的产品清单。

（1）如果将其列入《新型食品目录》，即卡塔尔的动植物源产品和其他受《新型食品条例》规管的物质，则需要参考欧盟成员国提供的信息。这是一个不完全的清单，可作为一个产品是否需要根据《新型食品条例》获得授权的指南。欧盟国家可能会通过特定立法限制产品的营销。有关信息，企业应联系其国家当局。在某些情况下，企业将被要求提供在欧盟国家中对食品补充剂和食品补充剂专用成分使用历史的信息。如果食品或食品成分专门用于食品补充剂，则其在其他食品中的新用途将需要根据《新型食品条例》（European Union，2023）获得授权。

（2）要列入卡塔尔的一般认为安全产品名单，需要最近发布的一般认为安全通知以及食品药品监督管理局（FDA）的信函（FDA，2023）或当前动物食品一般认为安全通知目录（FDA，2023a）。

2.3.3　相关法律法规

相关定义

（1）海湾标准规范（GCC Standardization Organization，2023）：这是由相关部委的标准化事务委员会批准的文件，规定了定期和重复使用的相关产品、工艺和生产方法的规则、说明或特性，但遵守这些规则、说明或特性并非是强制性的。它还可以包括或专门审查适用于产品、工艺或生产方法的术语、定义、配置、标签或标识要求。标准规范通过设定技术要求、程序和质量控制体系来保证实现商品或服务的特定目的，使产品或服务能够满足用户的需求，并符合生产者和服务提供者的能力范围，考虑到用户的安全并保护其免受欺诈或欺骗。

（2）海湾技术法规（GCC Standardization Organization，2023）：这是一份由相关部委的标准化事务委员会批准的文件，其中规定了产品的特性、相关工艺和生产方法，包括适用的（现行的）行政规定。它可能包括或专门审查适用于产品、工艺或生产方法的术语、定义、包装、标签或标识要求。

与细胞基食品相关的法规

（1）海湾技术法规预包装食品标签 GSO 9:2013：本文件涉及所有预包装食品的标签以及与之相关的展示要求。它要求产品名称要清晰、具体，以避免消费者混淆，并防止生产者误导。

（2）食品标签准则 GSO 2406:2014：除了 GSO 食品和农产品标签标准中规定的条款外，这些准则还涵盖了有关食品标签的定义以及一般和特殊要求。产品标签须遵守 GSO 标准中"标签"条款中的规定。这些准则的规定将按照其他现行强制性规定执行。

（3）关于声明的一般准则 GSO CAC/GL 1:2008 – CAC/G 1:1979：这些准则的范围和原则涉及就食品做出的任何声明，无论该食品是否被某个具体的食典标准所涵盖。这些准则也是为了防止以虚假、误导或欺骗的方式描述或展示食品，或以使人对其特性产生错误印象的方式描述食品。

（4）海湾技术法规加工肉类：碎鸡肉 GSO 1327:2002：该标准涉及碎鸡肉。然而，目前还不能确定这是否也包括细胞基碎鸡肉。

（5）海湾技术法规清真食品——第1部分：一般要求 GSO 2055-1:2015：该标准涵盖了制作清真食品所需的一般步骤。这些步骤在清真食品链的所有阶段都必须遵循，包括接收、准备、包装、标签、处理、运输、分发、储存、展示和清真食品服务。

（6）海湾标准清真产品——第2部分：清真认证机构的一般要求 GSO 2055-2:2021：该海湾标准概述了清真认证机构必须满足的要求。它还规定了为产品、服务或系统颁发清真证书的程序的要求。

（7）海湾标准清真产品——第3部分：清真鉴定机构的一般要求 GSO 2055-3:2021：该标准还包括鉴定所涵盖的活动，如测试、校准、检查、清真认证、人员、产品、流程、服务、提供能力测试、生产参考材料、验证和确认。

（8）海湾标准清真包装——一般准则 GSO 2652:2021：该海湾标准描述了制造和处理清真食品包装的一般准则。它是清真产品的清真包装要遵守的基本准则和要求。

（9）海湾技术法规食品中允许使用的添加剂 GSO 2500:2021。

（10）海湾技术法规食品的微生物标准 GSO 1016:2015：这项技术法规涉及食品和食品加工中用作原料的某些食品成分的微生物标准。

（11）海湾技术法规食品的失效日期——第1部分：强制性失效日期 GSO 150-1:2013：该海湾技术法规涉及食品的强制失效期。

（12）海湾标准食品的失效日期——第2部分：自愿失效日期GSO 150-2:2013：该海湾标准为食品的失效日期提供指导。

（13）新型食品的一般要求GSO 2696:2022：这项新实施的海湾标准涉及在海湾合作委员会成员国市场上进口、生产和销售新型食品的一般要求。

2.3.4 授权要求

GSO 2696:2022《新型食品的一般要求》规定在海湾合作委员会成员国市场上进口、生产和销售新型食品的一般要求。除此之外，还有一些补充标准，如：① GSO 2055-1清真产品——第1部分：清真食品的一般要求；② GSO 9——预包装食品的标签。

虽然细胞基食品的官方定义和分类在卡塔尔仍未确定，但它很可能被认定是一种新型食品，因为新型食品在GSO 2696:2022中已有定义，其中有一条规定，新型食品可由来自动物、植物、微生物、真菌或藻类的细胞培养物或组织培养物所组成、分离而来或制成。因此，细胞基食品可能需要两个关键的授权：①作为一种新型食品的上市前评估，包括食品安全评估和其他考虑因素；②符合清真食品标准。

至于审批制度，产品可能需要在公共卫生部（MOPH）下属的食品安全和环境卫生局（FSEH）的食品注册系统中注册，并由该部门的食品专家批准。对此，有必要提交必要的文件，包括对细胞基肉制品进行的适当、有科学依据的风险分析/评估，由原产国的ISO 17025认证实验室出具的实验室分析报告（涵盖食品专家要求的所有分析项目），所有相关的文件（如清真认证）以及食品专家要求的任何图片。

2.3.5 生产、零售和进口/出口的步骤

目前，卡塔尔不生产任何细胞基食品，也没有任何此类食品被批准在当地市场销售。任何需要细胞培养的食品生产都需要具备所有必要的技术、相关部门的上市前批准，以及其他销售/出口法规的批准等。

任何进口的细胞基肉或相关原料产品也必须经过上市前批准。相关部门可能会制定并实施对进口细胞基食品的检验要求和方法，其中可能包括在进口点进行实验室检验。为此可能需要建立进口食品的实验室检验设施。

任何想要生产细胞基食品的公司都必须向公共卫生部的食品安全和环境卫生局提交必要的证据，以证明从原材料到最终产品的所有生产步骤都遵守了相关的法规。由于在细胞基肉制品生产方法的认证方面没有明确的国际指导，截至2002年6月，公共卫生部没有批准或允许任何种类的细胞基肉制品的生产。

2.4 食品安全评估

2.4.1 评估指南和步骤

卡塔尔和海湾合作委员会国家的食品安全评估准则主要建立在基于风险的方法上，这也是联合国粮食及农业组织（FAO）、世界卫生组织（WHO）、欧洲食品安全局（EFSA）、美国食品药品监督管理局（US FDA）等国际组织采用的一种国际做法。在这方面，为了实施基于风险的食品控制系统，应考虑以下因素：进口食品的分类、进口食品的合规历史、食品供应中新的或正在出现的危害的证据、任何众所周知的已确定的食品安全危害，以及食品安全的整个食物链监控方法。

进口食品将被根据其传播食源性疾病的可能性（与其预期最终用途相关）进行分类。虽然这种分类法将被进一步完善，以适用于许多不同类型的食品，但可能有必要开发一种不同的方法来对细胞基食品的生产过程进行风险评估。

关于食品供应中新的或正在出现的危害的证据，卡塔尔的主管当局将与其他国家的主管当局交流，以确定和管理食品供应中任何新的或正在出现的危害。由于卡塔尔目前不具备监测进口食品中新的或正在出现的危害的技术能力，预计出口国的主管当局将对这些食品采用与对其国内市场上的食品相同的检验和保障措施。

卡塔尔认识到，减轻消费者食品安全风险的最有效和最高效的手段往往是通过预防来实现的，如在初级生产和加工过程中应用良好的农业和生产做法以及基于危害分析的预防控制措施。对于进口食品，入境口岸检查被认为是保证进口食品安全和适宜性的一个非常有限的手段。因此，卡塔尔鼓励与出口国的主管部门作出特别安排，以确保初级生产期间和整个食品链的食品安全。这些安排可以包括基于以下方面的替代措施：

（1）证明食品是在出口国注册的或其他官方认可的食品场所生产的，并接受海湾合作委员会国家或其代理人的审计；

（2）主管当局之间的谅解备忘录；

（3）等效协议；

（4）更广泛的贸易协定，例如相互承认检验和认证体系。

由于国际组织对细胞基肉制品的风险类别没有明确的分类或指导，卡塔尔目前不可能做出决定或应用任何程序来管控此类食品。希望在卡塔尔生产细胞基肉制品的公司必须设在卡塔尔自由区（QFZ），该区被认为是一个完全独立的领土，其管辖权允许其生产这些食品并出口到其他国家，只要那些国家批准进口这种食品。在这种情况下，卡塔尔国将被视为任何位于卡塔尔自由区的公司的进口国。

因此，卡塔尔获得有关细胞基食品的食品安全评估的国际指导将是非常有益的。此外，如果卡塔尔能够采用其他国家已对细胞基食品进行基于风险的食品安全评估的主管部门的最佳做法，也将有所帮助。

2.4.2 已确定的与食品安全有关的潜在危害/关切点和风险管理

卡塔尔目前没有关于细胞基食品潜在食品安全危害的官方清单，而这种清单对于进行细胞基食品的风险评估是必要的。卡塔尔已经为此进行了准备工作。

2.4.3 食品安全问题

当细胞基食品制造商与主管部门接触时，往往被问到以下问题：

（1）生物材料是否有潜在的（物理、化学和生物）危害需要考虑？

（2）化学残留物/污染问题：使用了哪些化学品，产品中的残留物水平如何？

（3）比较方法问题：虽然有些产品是细胞基蛋白和其他植物或动物蛋白的混合体，但我们如何将其与传统产品进行比较以进行安全评估，这种评估的有效性如何？

（4）短期和长期影响：是否有任何关于对健康的潜在急性影响的研究？是否有任何理论研究或模型可用来评估食用细胞基食品的长期影响？

（5）预期之外的效应：是否有任何其他与生产细胞基食品有关的潜在危害？

2.4.4 监管需考虑到的其他技术问题

（1）营养物质的生物利用度问题：细胞基来源的蛋白质和植物或动物来源的蛋白质的生物利用度是否不同？一些产品添加了维生素，与其他食品相比，这些维生素的生物利用度是否有差异？

（2）营养成分问题：细胞基肉类/鸡肉中的蛋白质含量有多少，为什么有些产品中水分占比很大？

（3）加工问题：添加饱和脂肪、油炸和其他加工步骤可能会增加适口性，但也可能降低营养价值。我们如何评估这一点？

（4）环境问题：整个生产/加工过程的用水量是多少，二氧化碳的排放量是多少？

（5）清真问题：一些生产步骤可能需要使用酒精。酒精残留可能是一个问题——发生这种情况的可能性有多大，残留量有多大？

2.4.5 监管问题

（1）控制和检查：世界上是否有其他国家为细胞基食品制定了控制措施清单和详细的检查程序？

（2）检测：如果适用特殊的规定，监管部门可能需要具备检测/量化细胞基食品的存在/数量的能力。是否有任何有效的方法来检测/量化细胞基食品？这不仅对合规控制有用，而且对防止欺诈也有用。

2.5 食品安全以外的其他关键考虑因素

2.5.1 标签

在卡塔尔，很可能有必要为细胞基食品贴上明确的标签。在卡塔尔和海湾合作委员会国家，食品标签受若干标准和技术法规的管制，因为不同类型的食品的要求不同。这些标准包括：① GSO 2406/2014：食品标签指南；② GSO 9/2013：预包装食品的标签；③ GSO CAC/GL 76-2011：与现代生物技术食品标签有关的法典文本汇编。

在海湾合作委员会标准化组织（GSO）关于特殊食品的标准中，没有关于新型食品的具体标签指南，但公共卫生部（MOPH）已经发布了几项指南，包括有机食品指南，并且正在对转基因食品提出某些要求。因此，如果细胞基肉制品被批准在卡塔尔消费，公共卫生部将发布具体要求：①为这些产品贴标签；②保证在国内和入境点的安全和质量；③传播透明和诚实的信息，以帮助消费者做出知情选择。

2.5.2 技术能力

目前，卡塔尔中央食品实验室具备所有相关的化学、微生物和其他物质检测能力，能够检测供人类食用的食品样品（GSO 1016:2015）。然而，仅仅具备检测细胞基食品安全的特定技术能力是不够的，因为没有国际标准化的方法来检测这些食品，而这些食品在世界上大多数地区从未被生产或食用过。公共卫生部始终愿意与本地的利益相关者如卡塔尔大学，以及粮农组织/世卫组织等组织合作，开展旨在充分了解这种新型食品并因此有能力对其监管的研究。公共卫生部还希望通过这些研究能够正确判断这类食品供人类食用是否安全。

2.5.3 清真状态

出于宗教原因，培养的肉是否是清真食品很重要。一些研究认为，如果用于培养肉的细胞取自被认为是清真的动物，并按照伊斯兰教规则进行了屠宰，而且在生产过程中没有使用血液或血清，那么细胞基肉就是清真的（Hamdan et al.，2018）。但来自穆斯林禁止食用的动物的细胞基肉将不被视为清真食品。

新的食品类别必须符合道德规则、监管规定（GSO 2055-1：2015、GSO 2470：2015、GSO 2670：2021、GSO 1016：2015等），并从公认的清真认证机构获得必要的清真认证，才能在卡塔尔境内销售或推销此类产品（GSO 2055-2：2021）。值得注意的是，公共卫生部的食品安全和环境卫生局港口卫生和食品管制科已经发布了关于进口清真食品的指南及伊斯兰机构被授权和允许颁发清真屠宰证书的指南。该指南涵盖了在卡塔尔接收和分发获得清真认证的进口食品的所有要求。还有一份向卡塔尔出口的国家中经批准的伊斯兰协会名单，如果产品是从非伊斯兰国家进口的，这也是一个考虑因素。

2.5.4 营养问题和对健康的影响

细胞基食品可以以加工食品的形式出现，如炸鸡块或汉堡包。为了使这些产品在外观上与传统肉类制品相似，通常会在食品加工中加入一些额外的成分，如甜菜根汁、藏红花或焦糖，以模仿传统肉类的味道和色泽（Fraeye et al.，2020）。

不可能将传统肉类与细胞基肉进行直接比较，因为细胞基肉没有确切的对应物。因此，可能无法采取简单的比较方法来分析其营养差异。

在卡塔尔饮食指南（QDG）中，家禽和肉类被归入"鱼、家禽、肉类和替代品"食品组。这类食物的蛋白质、铁、锌和维生素B$_{12}$含量很高。关于蛋白质，目前尚不清楚培养的细胞的蛋白质含量和组成在多大程度上与传统肉类相似（MOPH，2015）。

多年来，红肉一直因其脂肪含量而受到严格审查。然而，随着科学的进步和多年的纵向研究，已经证明肉类仍然可以是健康平衡饮食的一部分。必须澄清的是，并非所有的脂肪都是坏的，尽管总体脂肪含量对食品的热量密度有直接影响，但脂肪酸成分会影响产品的饮食和营养价值。

肉类为人体提供各种宏量营养素、微量营养素和优质蛋白质，因为它含有必需的氨基酸（MOPH，2015）。然而，细胞基肉的蛋白质含量/特性是否与传统肉类相同仍不确定（Fraeye et al.，2020）。

与传统肉类相比，细胞基肉类的营养价值有许多需要考量的地方，例如：

①宏量营养素（脂肪、碳水化合物、蛋白质）；②微量营养素（维生素和矿物质）；③脂肪的类型和比例；④传统肉类中天然存在的某些重要的微量营养素（如铁、锌和维生素B_{12}）在细胞基肉中缺乏或含量低，以及如何将它们添加到细胞基肉中。

2.6 讨论

卡塔尔有几项法规可用作控制细胞基食品的基本框架。然而，由于其刚刚推出和缺乏人类食用方面的历史信息，卡塔尔政府有必要确保其安全和适合人类食用。目前，卡塔尔有限的技术能力和专业知识尚不足以评估其安全性。卡塔尔还没有实施管控新型食品的具体法规。国际和区域公认的细胞基食品生产方法将有助于卡塔尔参考，因为这种食品在世界大多数地区从未被生产或食用过。卡塔尔对与各国合作持开放态度，并寻求粮农组织、世卫组织和食品法典等国际机构的指导，以充分了解相关食品安全问题和其他合法问题。对此，撰写本案例研究是为了分享卡塔尔的现状，希望在合作建立针对细胞基食品的适当和具体的方法、路径、法规和管控程序方面为其他国家和国际社会提供有用的信息，以实现细胞基食品安全和可持续的发展。

3 新加坡——国家背景

3.1 术语

在新加坡，和其他许多国家一样，细胞基食品被归入一个被称为替代蛋白质的食品子集。这些蛋白质来自动物蛋白以外的来源，如动物细胞、植物、微生物（如藻类、真菌、细菌）和昆虫。用于描述其中一些替代蛋白的术语，如植物蛋白和昆虫蛋白，已被广泛接受。有趣的是，对于最准确地描述在体外环境中或在规模化生产设施中从动物细胞培养出来的细胞基肉的术语，全球一直存在争议。之前已经提出了几个术语，包括干净的、体外的、合成的、细胞的、实验室培育的、培育的和培养的等（Szejda，2018）。在新加坡，新加坡食品局（SFA）是负责食品相关事务的主要机构，它采用了"培养肉"一词来描述在生物反应器中通过培养基培养动物细胞生产的产品。为了确保信息传播的一致性，新加坡食品局在关于对这些产品的安全评估要求的交流中，以及在面向消费者说明如何确保这些产品的安全性的风险交流举措中，使用"培养肉"一词。到目前为止，新加坡食品局还没有收到任何与使用该术语有关的反对意见。

3.2　目前状况

诸如培养肉等替代蛋白质有可能为全球粮食安全做出贡献，但必须首先考虑食品安全（SFA，2021）。为了明确应如何考量培养肉等新型食品的安全性，新加坡食品局在2019年推出了新型食品监管框架，要求新型食品公司对其没有作为食品供人类食用历史的产品进行上市前安全评估。这些评估，评估毒性和过敏性，包括急性和慢性风险两方面，以确定产品是否构成任何潜在的食品安全风险。生产方法的安全性也被考虑在内，以及膳食暴露的影响。新加坡食品局的评估还要求提供生产过程中使用的材料的详细信息，以及为防止食品安全风险而实施过程控制的细节。

在撰写本书时，至少有一家培养肉公司已经成功通过了这一安全评估程序，培养肉现在可以在新加坡的一家餐馆和通过送餐服务进行商业销售。另有几家公司正在与新加坡食品局讨论中，他们也在为其培养肉制品寻求批准。新加坡食品局在其安全评估过程中不考虑销售模式，因为这纯粹是由公司作出的商业决定。

3.3　监管框架

3.3.1　监管/主管部门

对于在新加坡市场上销售的食品，新加坡食品局是负责制定食品标准和法规的监管机构。它是在新加坡可持续发展和环境部下成立的一个法定委员会。在新加坡食品局的治理下，所有与食品有关的资源和能力都被汇集起来，以确保对食品行业从农场到餐桌的全链条管理。新加坡食品局根据需要积极与政府其他机构合作以实现其目标，尤其是在培养肉领域。例如，新加坡食品局与新加坡主管经济的部门［如新加坡经济发展局（EDB）和企业发展局］密切合作，让开发培养肉的公司和新创企业参与进来，并与科学、技术和研究机构合作，支持培养肉公司的研究需求，助力他们进一步开发其产品。即使在监管培养肉方面，新加坡食品局也会在必要时与其他实体合作。例如，如果食品成品中存在转基因生物（GMO）（无论是否为培养肉），作为安全档案审查的一部分，新加坡食品局将与新加坡转基因咨询委员会（GMAC）合作，因为转基因咨询委员会需要调查与使用转基因生物有关的、超出食品安全考虑的问题

（如工人安全和意外释放规定）。新加坡食品局还与卫生部（MOH）和健康促进委员会（HPB）就任何与健康有关的事项密切合作。

3.3.2 监管类别

新加坡食品局认为新型食品是指没有安全使用历史的食品和食品成分。有安全使用历史的物质是指那些被大量的人类人口（例如一个国家的人口）作为饮食的一部分持续消费了至少20年的物质，并且没有报告说对人类健康有不良影响。由于培养肉是新出现的，故无安全使用历史，所以它属于新型食品类别，需要在上市前获得批准才能销售。

3.3.3 相关法律法规

根据新加坡的新型食品监管框架，打算在新加坡生产/制造、进口、分销和销售新型食品或含有新型食品成分的食品的企业，必须首先取得新加坡食品局的上市前监管批准。为此，申请人必须对其新型食品进行安全评估，供新加坡食品局审查。评估必须确定产品及其生产过程中的潜在风险，并确保这些风险得到适当的管理（例如，申请人将被要求确定关键控制点）。

安全评估的要求详见新加坡食品局题为《新型食品和新型食品成分的安全评估要求》的要求文件，该文件最后一次更新是在2022年9月26日。

与所有进口、生产或制造供在新加坡销售的食品一样，新型食品必须遵守《新加坡食品法规》。《新加坡食品法规》包括对即食食品的微生物标准、化学污染物的最大限量、食品添加剂的使用和标签等要求。

3.3.4 授权程序

对新型食品和新型食品成分的研究不需要获得新加坡食品局的批准。这包括不涉及食用新型食品和新型食品成分的行为，如选择和优化细胞系、培养基成分和加工助剂，以及研究如何实现有效的生产规模扩大，等等。

概括来说，寻求新加坡食品局上市前批准的过程可分为以下几个阶段。每个阶段所需的时间根据申请的复杂性而不同。

（1）**初步接触**：新加坡食品局鼓励新型食品公司在产品开发过程的早期就咨询新加坡食品局，以了解证明其新型食品的安全性所需提交的信息。为此，新加坡食品局定期与相关公司举办新型食品线上培训班。这些线上培训班是与新加坡食品局接触的平台，也为新加坡食品局提供了分享有关新型食品的监管框架、审批程序和文件要求的更多细节的机会。这个平台促进了新加坡食品局与新型食品公司的接触，因为许多公司的总部不在新加坡。意识到有的新型食品公司有专门针对其公司的投入和流程的问题，以及有些问题具有保密性质，线上培训班还设有与公司一对一的接触会议。

（2）**提交前咨询**：随着新型食品公司在研发过程中取得进展，他们最终将决定所需的投入（例如细胞系、微生物菌株）以及最终产品的性质（例如培养肉、发酵产品）。在这个转折点，公司与新加坡食品局之间会进行密切的提交前磋商，为公司提交其安全档案做准备。在这些磋商中，公司可以就针对食品安全问题所生成的数据是否充分征求新加坡食品局的意见。新加坡食品局没有规定公司应采用何种方法来生成数据。提交申请的公司有责任确保用于生成安全数据的方法具有适当的有效性和敏感性。在可能的情况下，建议遵照经济合作与发展组织等的标准化指南。代表提交申请的公司的监管顾问可以参与提交前咨询。在新加坡，提供监管咨询服务的机构之一是"未来食品安全中心"（Future Ready Food Safety Hub，FRESH）。FRESH是一项由新加坡食品局、科学技术研究局和南洋理工大学（NTU）联合发起的三方倡议，旨在支持新加坡的食品安全研究和开发，并协助新型食品公司安全地将其产品推向新加坡市场（https://www.ntu.edu.sg/fresh）。

（3）**对安全档案的初步审查**：提交给新加坡食品局的安全档案必须涵盖新加坡食品局的要求文件中规定的要求（SFA，2021a），通常以安全评估报告的形式呈现（包括任何实验工作、文献搜索和计算学的支持文件）。应包括的信息的一些示例有：①新型食品的特性和特征；②工艺投入的特性和化学规格；③生产工艺；④纯度、过敏性和毒理学数据，以及新型食品的预期用途。

为了尽可能加快审查过程，公司可以分阶段提交安全信息供新加坡食品局审查，尽管这将不计入审查过程的预期完成时间内。新加坡食品局还接受设在新加坡以外的公司提交的申请材料。提交的方式是将安全档案资料通过电子邮件发送至SFA–NovelFoods@sfa.gov.sg，申请人需确保以可供新加坡食品局下载副本的格式提供信息。非英语的信息应翻译为英文。

（4）**对安全档案的询问和澄清**：在审查过程中，如果需要就档案内容进行询问和澄清，新加坡食品局将与提交申请的公司联系。如果有重大的科学问题需要解决，新加坡食品局可能有必要征求新型食品安全专家工作组成员的意见。这个工作组是由新加坡食品局建立的，以提供科学建议，确保安全评估得到严格审查。它由专门从事食品科学、食品毒理学、生物信息学、营养学、流行病学、公共卫生、遗传学、致癌性、代谢组学、发酵技术、微生物学和药理学研究的专家组成。为了防止盗窃知识产权和利益冲突，专家组成员必须签署一份保护商业机密信息和商业秘密的承诺书，并在加入专家工作组之前作出必要的声明。新加坡食品局只将"必须了解的"（need-to-know）信息与专家工作组分享，屏蔽与讨论不相关的信息。

（5）**发布监管决定**：在公司提供了一套完整的安全信息，并就新加坡食品局的询问做出回答和澄清后，新加坡食品局将发布关于该申请的监管决定。新加坡食品局估计，审查公司提交的安全评估档案一般需要9～12个月。但是，这个时间线是在假定安全评估档案已完成，无须新加坡食品局进一步提出问题或澄清的前提下估计的。由于通常情况并非如此，因此，公司应与新加坡食品局进行提交前磋商，并分阶段提供其安全评估档案的部分内容，以便及早讨论，并有机会寻求澄清。

在撰写本报告时，新加坡食品局在评估过程中没有对新型食品公司的设施进行外部审计或访问。但是，在新加坡食品局为新型食品颁发上市前批准书后，与其他任何食品企业一样，总部位于新加坡的从事此类新型食品生产的企业将接受新加坡食品局检查计划的检查。

即使在新加坡食品局为培养肉产品颁发了上市前批准书后，与任何其他食品一样，它也将受到新加坡食品局根据市场监测计划进行的抽样和检测。新加坡食品局已建立了一个抽样和检测计划，以确保食品安全。截至目前，在被新加坡食品局抽样和检测的培养肉制品中没有发现食品安全问题。

如果已获得新加坡食品局上市前监管批准的新型食品的生产工艺发生变化，并可能影响到所提交的原始安全评估的有效性，则新型食品公司必须在使用最新生产工艺生产的产品进口到新加坡、在新加坡分销或销售之前寻求新加坡食品局的批准。这种变化的一个例子是在生产培养肉时对输入材料（如细胞系或培养基成分）的修改。如果用于生产其培养肉制品的投入和工艺有任何变化，公司有责任通知新加坡食品局。

对一家公司进行的新型食品安全评估的结果，不适用于其他公司生产的类似的新型食品。这是因为新型食品安全评估是针对申请文件中描述的材料和生产工艺的。不同的公司在生产新型食品时可能使用完全不同的材料和工艺，所以应进行各自的安全评估，即使他们生产的新型食品类似。为方便参考，图10中的流程图总结了寻求新加坡食品局的上市前批准的过程。

3.3.5 生产、零售、进口/出口的步骤

在新加坡生产细胞基食品

在获得新加坡食品局对新型食品的上市前批准后，希望设立食品加工企业生产新型食品进行商业销售的公司，需要从新加坡食品局获得食品加工许可证。要获得许可证，公司首先需要确保根据《商业注册法》（第32章）在会计和企业管理局（ACRA）进行有效注册。作为公司经营的实体必须根据《公司法》（第50章）成立和注册。

从新加坡食品局获得生产细胞基食品的食品企业许可证的过程与其他非新型食品没有明显区别。首先，申请人应确保该场所的位置在食品工业区或适

图 10 寻求新加坡食品局对培养肉的上市前批准的过程

资料来源：作者自己的阐述。

合工业用途的区域内。其次，申请人应提交涵盖布局图、工艺流程图和产品详情在内的文件，供新加坡食品局进行初步评估，并支付申请费。然后，新加坡食品局将评估拟议的计划，以确保其设计符合新加坡食品局的食品安全要求。

新加坡食品局对提交的方案进行评估后，将向公司发送原则性批准通知，以便公司开始装修。接下来，申请人需要与新加坡食品局预约，在装修完成后进行最终检查。公司应提供包括任命的卫生管理员的详细资料、食物处理人员的详细资料、清洁和卫生计划、害虫控制计划、维护计划和租赁（租约）协议的文件供检查。在颁发许可证之前，将对该场所进行最后检查。只有在提交了所有随附文件，并且新加坡食品局评估后认为已满足许可要求后，才会颁发许可证。如果公司在未来打算开展超出原许可证允许范围的其他商业活动，也应事先寻求新加坡食品局的批准。

对于培养肉，公司应确保在发放许可证之前，生产过程中使用的所有试剂/成分已在新加坡食品局批准的提交材料中得到评估。工艺流程图和描述还应包括诸如投入物、成分和培养基的准备，以及与细胞库相关的工艺和生产细胞基食品的工艺等细节。关键控制点也应明确指出、论证和验证/核实，以确保它们能有效地将食品安全风险降至最低。有关许可程序的进一步信息可在网上查阅（SFA，2023a）。

从新加坡出口细胞基食品

从新加坡出口食品（新型食品或其他食品）的过程可以总结如下：

（1）确保食品有资格进入目的地国家或地区；

（2）向新加坡食品局申请贸易商许可证（如适用）；

（3）寻求进口国主管部门对出口企业的预先批准；

（4）申请进口国要求的相关出口文件；

（5）申请出口或转运许可证。

进一步的信息可以在新加坡食品局的网站上找到（SFA，2023b）。对于细胞基食品，在公司启动出口此类食品的程序之前，谨慎的做法是首先向目的地国家或地区的有关当局寻求新型食品的上市前批准（如果适用）。

3.4 食品安全评估

3.4.1 评估指南和步骤

由于新型食品背后的创新不断发展，因此行业需要根据其新型食品产品涉及的特定微生物、化学或物理危害来调整其安全评估。虽然目前还没有一种适用于所有新型食品安全评估的通用方法，但新加坡食品局确实为寻求其新型食品产品上市前监管批准的公司提供了一般性指导，可在其网站上找到。

新加坡食品局坚信，食品安全是一项共同的责任，监管机构和行业之间的合作关系是确保新型食品得到适当安全评估的关键。新加坡食品局鼓励在产品开发的初期阶段与行业进行早期讨论。这样的交流可以让行业考虑监管机构的指导，并将安全保障纳入其产品开发过程中。监管机构也将从行业提前提供的关于即将推出的食品创新的信息中受益，这些信息有助于他们完善监管考量。对于那些在产品安全评估方面需要更多技术支持的公司，新加坡食品局可以帮助转介到新加坡的FRESH以获得更多支持。

新加坡食品局对提交上市前监管批准的安全评估报告没有规定具体格式。其目的是通过为行业提供灵活性和减少合规负担来促进申请过程。例如，提交给其他海外监管机构的安全评估报告，如果包含新加坡食品局要求的必要信息，可以直接提交给新加坡食品局审查。

就细胞基食品而言，安全评估报告的一般原则和要求通常包括：

（1）**所用细胞系的信息**：细胞基食品占比较大的成分（即便有时不是主要成分）将是细胞系，新加坡食品局认为提供使用的细胞系的详细信息是必要的。这将包括但不限于以下内容：

①细胞系的身份和来源，包括关于宿主动物来源的信息（如适用）；

②证明活检组织（如适用）符合新加坡的动物健康和食品安全要求及没有动物疾病的信息；

③从宿主动物中提取细胞的方法（如适用），以及随后对细胞进行选择和筛选的方法；

④细胞系制备和细胞系储存所使用的方法；

⑤对所使用细胞系进行的任何修改和调整的描述，以及这些如何与可能导致食品安全风险的物质的表达相关；

⑥对细胞系制备和储存过程中使用的任何化学品进行风险评估；

⑦细胞系的特征（例如，纯度、成分）；

⑧对相关传染源（如病毒、细菌、真菌、朊病毒）的检测。

（2）**生产过程**：与传统食品的生产类似，在生产过程中进行良好的过程控制对于确保食品安全至关重要。为此，新加坡食品局要求申请人提供与他们的食品安全管理系统有关的所有相关信息。接受的文件包括危害分析与关键控制点（HACCP）计划、良好生产规范（GMP）和良好细胞培养规范（GCCP）。文件必须包括对已建立的风险监测和缓解步骤的清晰描述，包括物理参数和针对可能存在的内在风险的关键控制点。还应提供一份生产流程图。

例如，由于细胞基食品在生产过程中存在化学和生物污染的风险，在整个细胞系选择、细胞调整、细胞增殖、支架、提取、浓缩和清洗过程中，为减轻对培养基和细胞系的污染风险而建立的无菌处理步骤的信息应在安全评估报告中明确描述和强调。

（3）**投入物特征**：通过控制细胞基食品生产中使用的投入物进行上游风险评估是一种有效的食品安全风险管理策略。为此，申请人需要在安全评估报告中提供所有投入物的规格特征（如纯度、成分、数量和浓度）和食品安全评估。投入物将包括在新型食品开发和生产过程中引入产品中的所有生物和化学物质以及接触材料，无论是否有意为之。

这些可以包括但不限于：

①用于细胞系操作和制备的化学和生物试剂；

②支架材料、溶剂、酶和加工助剂；

③培养基、生长促进剂、调节因子和抗微生物剂。

除性质和定量数据外，公司还需要在安全评估报告中说明特定的投入物是否拟用作新型食品的成分，其纯度是否符合新加坡食品法规、英国药典、欧洲药典、联合国粮食及农业组织和世界卫生组织食品添加剂联合专家委员会（JECFA）联合报告或食品化学品法典中所列的规格。

（4）**产出物特征**：由于最终的食品产品产出物代表了所关注的食品安全终点，安全评估报告需要对它们进行详细的特性描述和安全评估。这些信息应包括但不限于：

①在干重或湿重基础上确定的主要组分的百分比（例如，水含量、蛋白质、脂肪、碳水化合物、纤维、维生素、矿物质、灰分）；

②食品成分的纯度，预期存在的杂质（如污染物、毒素、残留溶剂、副产品或代谢物）的特性和数量/浓度，无论是有意还是无意的；

③如果任何食品成分存在潜在的人类健康危害，必须证明在拟议的预期用途和食用条件下，其在最终产品中的存在水平不会导致任何重大的食品安全问题。

（5）**毒性和过敏性特性**：安全评估报告必须包括证明新型食品中不存在毒性风险的信息。这应涵盖全身性（急性、亚慢性和慢性）毒性、致癌性、遗传毒性、生殖毒性、发育毒性、基因毒性和其他相关毒性参数。证据权重和分层毒性测试方法可用于毒性评估。

过敏性风险也应在安全评估报告中进行评估，并可根据固有风险进行标定。例如，贝类是一种常见的食物过敏原。使用与这些物种相关的细胞系的公司可能需要通过将其新型细胞基食品中存在的主要贝类相关过敏原（如原肌球蛋白）与其传统食品中的水平进行比较，从而更好地评估这种特定的过敏风险。

重要的是要认识到，作为一种创新，细胞基食品的开发和生产过程可能会迅速改变，其相关的潜在食品安全风险也是这样。因此，使用非靶向筛选技术（如基因组学、元转录组学、蛋白质组学和代谢组学），通过与参考对照的比较，可能对评估潜在的意外危害和相关风险有作用。

（6）**暴露评估**：为了支持安全评估报告中的暴露评估，应具体说明新型食品/新型食品成分的预期用途、建议使用量和预期摄入量。摄入量的确定性估计应使用建议的使用量/分量和同等蛋白质（如屠宰肉）的实际食物消耗量的比较数据得出。供特定人群食用的新型食品应标明。任何已确定的潜在健康危害都应在建议的使用条件下进行讨论和充分解决，以确保食用新型食品/食品成分对目标人群是安全的。

（7）**食品检测方法**：为确保检测结果的准确性和质量，新加坡食品局建议尽可能按照良好实验室规范（GLP）的原则进行检测。检测方法还应根据国际标准进行验证，如ISO/IEC 17025或其等效标准或在同行评审的科学文献中发表的标准。在安全评估报告中应明确说明这些方法的参考文献。需要使用内部/创新检测方法的公司将需要向新加坡食品局提供检测方法的细节、检测方法的认证情况（如果有的话）和验证结果，以评估该方法的科学稳健性、准确性、精确性和灵敏度。

3.4.2　已确定的与食品安全有关的潜在危害/关切点和风险管理

培养肉是一个新兴的、多样化的行业，现在正处于快速变化期。因此，新加坡食品局通过与工业界、学术界和海外监管同行的积极接触，不断了解这一领域的最新创新。在这些接触中，新加坡食品局了解到一些与食品安全有关的科学问题，下面重点介绍其中的两个问题。

（1）**遗传漂变带来的食品安全风险**：在培养肉的生产过程中，细胞在体外环境中经历了大量的细胞复制。因此，基因组的不稳定性和遗传漂变被认为是导致培养肉表型变异的潜在主要因素（Soice and Johnston，2021）。由于细胞需要适应由细胞培养条件施加的体外选择压力，这一点变得尤为明显。在培养肉中，细胞产出物的稳定性非常重要，因为整个细胞生物量都会被食用。需要解决与不良蛋白质和代谢物（如潜在的毒素和过敏原）有关的食品安全问题，这些可能是由于基因组不稳定和遗传漂变而以一种失调的方式产生的（Soice and Johnston，2021）。

（2）**用于细胞培养的生物制品的安全评估**：细胞培养需要碳基能量源（如葡萄糖）、氨基酸、盐、维生素、水和其他成分来支持细胞的生存能力和活力。为了促进哺乳动物细胞的增殖，基础培养基必须补充几种因子。传统上，这些因子是通过向培养基中添加胎牛血清（FBS）来提供的（Szejda，2018），然而，由于各种原因，包括成本、可持续性、血清成分的批次间差异、消除对动物源性产品的依赖以及血清的潜在病毒或先期污染，一些培养肉/海鲜公司越来越多地寻求使用无血清培养基进行细胞培养。这涉及用胰岛素、转铁蛋白以及受胎牛血清中激素调节的下游生长因子来补充基础培养基（Liu et al.，2019）。然而，这些物质以前没有被添加到食品中，因此没有确立健康指导值。毒理学关注阈值的方法也不适合蛋白质和类固醇，因为这些物质的结构可能在用于推导TTC值的原始数据库中没有得到充分体现（More et al.，2019），同时用于特定化学物质评估的毒性数据有限。目前的挑战是如何为这类物质开发适当的评估方法。评估用于生产培养肉和海产品的培养基的安全性至关重要，因为细胞培养基的成分有可能成为最终食品的一部分。

在撰写本书时，新加坡食品局正在制定有关这些问题的监管立场，并在可能的情况下参考其他司法管辖区对食品和药品领域采取的相关监管立场。新加坡食品局定期咨询新型食品专家工作组和主题专家，征求他们对拟议监管立场的意见。这将确保监管的审议工作有严谨的科学依据。

3.5　食品安全以外的其他关键考虑因素

3.5.1　标签

恰当的食品标签是生产商向消费者传达准确产品信息的最重要和最直接的渠道之一，这使消费者能够做出知情的饮食选择。因此，所有在新加坡销售的预包装食品都必须遵照新加坡食品法规的一般标签要求（产品名称、成分表、是否存在过敏原等）进行标注。关于使用预防性过敏原标签的信息和指南，可以在 https://www.sfa.gov.sg/food-information/food-allergens/food-labels 上找到。

与所有其他食品一样，新型食品也需要贴上准确描述产品真实性质的产品名称标签。在预包装的替代蛋白质领域，如培养肉，新加坡要求公司在命名这些产品时加入适当的限定词，如"培养的"或"细胞基的"，以表明其真实性质。虽然新加坡食品法规中没有强制标注要求，但食品企业不得将其转基因食品标为非转基因食品。同样，销售非预包装食品的餐饮单位也要向顾客清楚地说明所售食品的真实性质。不允许将培养肉虚报为传统方式生产的肉。

3.5.2　消费者对培养肉的接受程度

与大多数新技术一样，消费者对培养肉的接受程度可能是喜忧参半的。然而，有越来越多的迹象表明人们对培养肉的接受度正在增加。随着新加坡成为第一个允许向公众销售培养肉的国家，最近的一项研究调查了新加坡人和美国人对培养肉接受程度的差异。这项研究显示，新加坡人普遍更容易接受培养肉，这是由于害怕失去机会或落后的心理动机（Chong, Leung and Lua, 2022）。此外，也有一种渴望展现"开拓者"特质的愿望，所以要快速尝试或体验培养肉等新产品。然而，也有人对培养肉的生产成本持怀疑态度，据报道生产一个鸡块的成本约为50美元。将鸡块作为一道菜的成本据报道为23新加坡元，这被当地人认为是高端餐厅的价格。最有可能的是，在培养肉被新加坡人更广泛地接受之前，培养肉的生产成本必须大幅降低，使普通消费者能够负担得起。

3.5.3　发展培养肉行业

随着新加坡继续将自己定位为促进创新的中心并鼓励有潜力的食品科技公司在本地扎根，多家有意在新加坡获得监管部门批准的公司也与新加坡食品局接触，以启动对培养肉产品的安全评估。这些公司的特色产品包括培养肉、海鲜、牛奶蛋白、真菌蛋白以及藻类和发酵蛋白。其中几家培养肉制品公司还吸引了新加坡一些投资公司的投资或兴趣，其中包括国家支持的投资公司，如淡马锡控股公司、新加坡经济发展局投资公司，以及私人风险投资公司，如来自新加坡的大创意风险投资（Big Idea Venture）。例如，自2013年以来，淡马锡控股据报道已经在全球农业食品供应链中投资了80亿美元，其中包括培养肉和替代蛋白领域的公司（Ng and Ramli，2021）。这家国家支持的投资公司还推出了亚洲可持续食品平台（Asia Sustainable Foods Platform），为新型食品公司提供咨询、试点设施和投资支持。

为了鼓励生态系统的创新，2018年推出了FoodInnovate，这是一个由新加坡企业局领导的多机构食品创新平台。该平台为食品公司提供资源，推动食品科技和创新，使他们能够开发新的和可持续的食品，以满足消费者不断变化的需求和营养需要。通过FoodInnovate，公司可以构建能力，使用共享设施，并与其他合作伙伴共同创新。

鉴于围绕新型食品的科学和技术非常新，新加坡食品局与科学技术研究署共同发起了新加坡食品故事研发计划，共拨出1.44亿新元（约1亿美元）用于推动可持续城市食品解决方案的创新，进一步发展基于先进生物技术的蛋白质（包括培养肉）生产，并开展食品安全科学的创新（The Straits Times，2020）。这将有助于推动新加坡加强粮食安全的国家议程。尽管如此，确保公众健康仍然是最重要的。因此，包括培养肉在内的所有新型食品都需要根据新型食品监管框架进行安全评估，以确保通过食品安全审核才能在新加坡上市销售。

© CellX/Ning Xiang

3.6 讨论

新加坡食品局已经制定了新型食品（包括培养肉）的监管框架，建立了便于申请上市前批准的程序和要求，并制定了对预包装的替代蛋白（包括培养肉）的标签要求。认识到培养肉行业是新兴的和多样化的，这些发展将有助于确保行业和研究界有足够的空间进行创新，同时又能保护消费者的健康。

然而，新型食品行业（包括培养肉）仍在快速发展，新加坡食品局继续跟进这一领域的最新创新是至关重要的。新加坡食品局定期更新其要求文件，以确保监管框架稳健且相关。该文件最近一次更新是在2022年4月。

确保培养肉安全的挑战不仅仅是新加坡所面临的，新加坡需要与其战略联盟密切合作制定解决方案。认识到合作是关键，新加坡食品局一直积极鼓励针对新型食品的安全评估进行国际交流。自2019年以来，新加坡食品局召开了新型食品圆桌会议，通过提供一个平台，提高人们对新型食品生产的新技术的认识，讨论安全评估方面的挑战，探索推进监管议程的机会，同时鼓励食品创新。本案例研究是与粮农组织合作开发的，是新加坡食品局致力于鼓励国际社会就培养肉等新型食品的安全问题进行对话的另一个例子。

D 食品安全危害的识别

1 专家咨询会概述

专家咨询会于2022年11月1—4日在新加坡举行，系首次召集全球专家对细胞基食品进行食品安全危害识别，为了准备这次咨询会议，粮农组织于2022年4月1日至6月15日向全球公开征集专家，以便组成一个具有多学科领域专业知识和经验的专家组，为进行细胞基食品的食品安全危害识别提供科学建议，危害识别是保障食品安全的第一步。

共有138名专家提出申请，一个独立的遴选小组根据预先设定的标准对申请进行了审查和排名。考虑到总得分、性别、专业领域和地域平衡，最终有33名申请者入围。其中，26人完成并签署了他们的保密承诺和利益声明。在对所有披露的利益进行评估后，被认为没有利益冲突的候选人被列为专家，而有相关背景的候选人如果申报的利益可能被认为有潜在的利益冲突，则被列为顾问。此外，由于日程冲突，有3人撤回了参加专家咨询会议的申请。因此，共有23人（13名专家和10名顾问）组成了专家咨询会的技术小组。

2 技术小组专家和顾问人员

为确保最高的诚信度，所有被任命的技术小组成员都被要求在专家咨询会之前填写利益申报表。技术小组专家们所申报的利益被认为不太可能损害个人的客观性或对工作的公正性、中立性和诚信度造成重大影响。另一方面，技术小组的顾问们所申报的利益可能被认为是与他们自身的利益相关的，然而，这正是他们对该主题特别了解、能为专家咨询会贡献专业知识和经验的原因，因此他们被认为完全有资格成为技术专家小组的成员，但被排除在决策过程之外。

技术小组专家

（1）Anil Kumar Anal，泰国亚洲理工学院，教授

（2）William Chen，新加坡南洋理工大学，荣誉教授兼实验室主任（副主席）

（3）Deepak Choudhury，新加坡科技研究局的生物处理科技研究院，生物制造技术高级科学家

（4）Sghaier Chriki，法国罗纳-阿尔卑斯高等农业学院，副教授（工作组副主席）

（5）Marie-Pierre Ellies-Oury，法国国家农业研究与环境研究所和波尔多农业科学研究所，助理教授

（6）Jeremiah Fasano，美国食品药品监督管理局，高级政策顾问（主席）

（7）Mukunda Goswami，印度农业研究委员会，首席科学家

（8）William Hallman，美国罗格斯大学，教授兼系主任（副主席）

（9）Geoffrey Muriira Karau，肯尼亚标准局，质量保证和检验部主任

（10）Martín Alfredo Lema，阿根廷基尔梅斯国立大学，生物技术学家（副主席）

（11）Reza Ovissipour，美国弗吉尼亚理工学院暨州立大学，助理教授

（12）Christopher Simuntala，赞比亚国家生物安全局，高级生物安全官员

（13）Yongning Wu，中国国家食品安全风险评估中心，首席科学家

技术小组顾问

（1）Breanna Duffy，美国 New Harvest 公司，负责任研究和创新总监（工作组副主席）

（2）Neta Lavon，以色列 Aleph Farms 公司，首席技术官

（3）Amanda Leitolis，巴西好食品研究所，培育肉科学家

（4）Kimberly Ong，加拿大 Vireo 顾问公司，安全和监管顾问（工作组副主席）

（5）Mark Post，荷兰马斯特里赫特大学，教授

（6）Jo Anne Shatkin，美国 Vireo 顾问公司，总裁

（7）Elliot Swartz，美国好食品研究所，首席科学家（工作组副主席）

（8）Keri Szejda，美国北山咨询集团，首席研究科学家

（9）Mercedes Vila Juarez，西班牙 BioTech Foods，首席技术官

（10）Peter Yu，新加坡亚太细胞农业协会，项目经理兼顾问

专家和顾问参加会议并不意味着他们得到粮农组织的认可或推荐，也不意味着该专家与粮农组织之间建立了约束性关系。被任命的技术小组成员既不代表其所在国家或地区的政府，也不代表其所在的机构或团体。被选中的个人以其个人身份作为科学和技术专家参加会议，负责向粮农组织提供独立建议。

3 专家咨询会的方法

3.1 危害识别的方法

一般来说，粮农组织和世卫组织提供的科学建议遵循食物链方法，涵盖从生产的起点到被消费者食用的终点（农场到餐桌或生产到消费）的整个系统。然而，就细胞基食品这一主题而言，在专家咨询会召开时，产品尚未广泛到达普通零售商和消费者手中，因此重点放在相关生产阶段直至食品加工阶段。专家咨询会期间审议的主要食品安全问题包括物理污染、化学危害（包括添加剂、污染物和残留物）、生物危害、致敏性（包括超敏反应）以及有关使用最新或新兴技术和新生产系统的其他关切问题。

粮农组织和世卫组织提倡在所有涉及食品安全的事项中应用风险分析。风险分析代表了一个结构化的决策过程，有三个不同但密切相关的组成部分：风险管理、风险评估和风险交流（**图11**）。

风险评估	风险交流	风险管理
对人类暴露于食源性危害造成的已知或潜在的不利影响进行科学评估	在整个风险分析过程中，就风险、与风险有关的因素和风险认知进行信息和意见的互动交流，包括解释风险评估结果和做出风险管理决策的依据	与风险评估不同，风险管理是权衡政策备选方案的过程，包括与所有相关方协商，考虑风险评估及其他与保护消费者健康和促进公平贸易做法相关的因素，并在需要时选择适当的预防和控制选项
1. 危害识别 2. 危害特征描述 3. 暴露评估 4. 风险特征描述		1. 初步的风险管理活动 2. 风险管理方案的识别和选择 3. 风险管理决策的实施 4. 监测和审查

图11 食品安全风险分析范式的一般组成部分

资料来源：作者自己的阐述。

这三个组成部分是整个范式必不可少的互补部分。风险评估是风险分析的核心组成部分，主要是因为需要在科学上不确定的情况下做出保护健康的决策而发展起来的。风险评估一般可被描述为对在特定时间段内暴露于危害中可能对生命和健康造成的不利影响定性。风险评估过程一般由四个步骤组成（见图11）。在风险评估过程中，具体确定所关切的危害是首先要进行的一个关键步骤。换句话说，如果不明确识别危害，就无法评估相关风险。

为了全面识别细胞基食品生产中所有潜在的食品安全危害，咨询会首先要求所有23名技术小组成员各自向粮农组织秘书处提交一份关于危害识别的个人报告。总体而言，汇总了300多种危害，包括技术小组成员之间识别出的重叠和重复的危害，并将这些危害作为专家咨询会议的讨论基础。

在专家咨询会期间，对于识别出的每种危害，成立工作小组来讨论如下方面：

（1）危害因子；

（2）问题描述／对人类健康的影响；

（3）危害类型（生物危害、化学危害、物理危害或过敏原）；

（4）潜在的缓解控制措施；

（5）潜在的监测控制措施；

（6）该危害是否可以在食品安全计划中防范，如HACCP计划；

（7）该危害在其他食品中的类似存在、可比较的对象、相关经验和（存在的）差距；

（8）因果链示例。

技术小组同意排除生产过程中的任何职业健康危害（如伤害、高温和噪声、社会心理危害）。然而，有人指出，有些问题，如可能摄入支原体属而对公众健康产生影响，在科学上是不确定的（见本部分第4.4节）。

支原体属包含100多个物种，其中一些可以引起动物和人类的慢性疾病。支原体属（除肺炎支原体外）通常是呼吸道和泌尿生殖道的共生菌，但它们可以成为致病菌。约有16种已知的人类支原体，其中肺炎支原体是最知名的，也是研究最深入的人类支原体。它是人类许多上呼吸道感染的主要原因，包括原发性非典型肺炎和气管支气管炎。

肺炎支原体感染在青壮年和学龄儿童中最为常见，但也可影响任何年龄段的人，包括：①在拥挤的室内环境中工作的人，包括在长期护理机构和医院中工作的人；②高危人群，如呼吸道疾病康复者或免疫系统较弱的人。

就传播而言，肺炎支原体主要通过人与人之间的大飞沫传播，也可以通过带菌杂物传播给与感染者有密切接触的人。因此，像许多呼吸道病原体一样，肺炎支原体最常通过咳嗽和打喷嚏传播。据作者所知，目前还没有关于肺炎支原体引起的食源性疾病暴发的报道，也没有关于该生物体通过口腔和粪／

口途径传播的记录。此外，腹泻等胃肠道症状很少见或未见报道。因此，就目前而言，围绕支原体属的问题被认为不属于食品安全危害识别的范围。

危害识别的结果在本部分第4.2节中的四个表格中展示。此外，在本部分第4.3节的叙述中对每种危害作了进一步解释。

3.2 为相关沟通制定实用指南的方法

在专家咨询会期间，有一个工作组被指派为食品安全主管部门并制定基于证据的实用沟通指南，以便主管部门能够与利益相关者就细胞基食品的安全问题展开交流。为此，在专家咨询会之前，具有社会科学专业知识的技术小组成员被要求提供相关文案和同行评审的证据，确定食品安全沟通的要素，以建立消费者信任。在个人贡献的基础上，工作组编写了第4.5节的文本。此外，由于术语问题被认为在沟通中至关重要，工作组还编写了关于术语的特别考量文本（见第4.6节）。

4 专家咨询会的成果

4.1 概述

为了利用现有的信息和知识进行全面的食品安全危害识别，技术小组考虑了所有潜在的危害，并根据细胞基食品生产的四个阶段制定了一份详尽的清单，这四个阶段分别为：①细胞来源；②细胞生长和生产；③细胞收获；④食品加工和配制（图12）。细胞来源步骤包括肌肉活检、获得干细胞、细胞重编程、细胞分离、细胞储存和整体细胞系开发。细胞生长和生产步骤包括细胞增殖、细胞分化和生物反应器扩增，而细胞收获步骤包括细胞和组织收获。食品加工步骤包括从生物反应器中收获产品后的全部过程。

专家们发现，对于细胞基食品而言，其危害已经众所周知，这些危害同样见于传统生产的食品中。例如，微生物污染可能发生在任何食品生产过程中的任何阶段，也包括生产细胞基食品的过程。然而，专家们的结论是，在细胞生长和生产阶段，大多数微生物污染都会抑制细胞生长。因此，如果细胞已经生长并达到了产品预期的收获量，那么在生产过程中发生这种污染将是罕见的，但是像许多其他食品产品一样，可能发生在收获之后。现有的各种预案，如良好生产规范和良好卫生规范，以及食品安全管理系统，如危害分析与关键

93

细胞来源	生产	收获	食品加工和配制
这一步可能包括肌肉活检、获得干细胞或任何其他细胞、细胞重编程、细胞选择、细胞分离、细胞储存和整体细胞系开发	这一步可能包括细胞增殖、细胞分化和生物反应器扩增	这一步可能包括细胞和组织的收获	这一步可能包括从生物反应器中收获产品后的任何其他过程

图12 细胞基食品生产的四个阶段

资料来源：作者自己的阐述。

控制点（HACCP），都适用于细胞基食品，以确保食品安全。

食品安全计划还需要重点关注细胞基食品生产中特有的材料、投入物、成分和设备，包括营养细胞所需的新物质，以及产生过敏反应的可能性。然而，技术小组指出，尽管这些投入物和材料可能是新近使用的，但已有预防措施和控制措施可用来应对这些潜在的危害。

4.2　按四个生产阶段划分的危害表

需要注意的是，"危害"和"风险"这两个术语之间存在显著的区别。根据食品法典，食品安全"危害"被解释为"食品中可能对健康造成不良影响的生物、化学或物理因素，或食品的状况"，而食品安全"风险"被描述为"食品危害对健康产生不利影响的概率和严重程度之间构成的函数"。在本章中，有四个表格（**表5至表8**）列出了与细胞基食品生产相关的潜在危害。读者必须充分理解各个术语，不要将危害列表与风险列表混淆，这一点至关重要。

© Ambi Realfood/ Kamila Santos

4.2.1 细胞来源期间的潜在危害

表5 技术小组识别出的细胞来源阶段的危害

序号	生产步骤①	危害因子	问题描述/对人类健康的影响	危害类型②	潜在的缓解控制措施	潜在的测试控制措施	该危害在其他食品或参照物中的类似危害情况、差距和相关经验	因果链示例
1.	细胞来源（活检步骤）	兽药（包括抗菌剂）	兽药可能存在于活检组织中，并出现在最终食品中，对人类健康造成负面影响，其中包括对抗菌剂的过敏性	C, A	查阅动物健康记录（例如，与停药期有关的信息）	对最终产品中的兽药含量进行定量分析	在常规畜牧业生产和水产养殖的生产过程中也存在同样的危害	药物存在于取样组织和带入培养基的细胞中>细胞培养未被破坏>药物未被降解或清除，在整个细胞来源、生产和收获以及食品加工阶段未被检测到>药物在食品制备过程中存留下来>药物在最终产品中的浓度超过最低残留量或可容忍的阈值（如可引起过敏反应的药物的阈值）
2.	细胞来源（活检步骤）	病原体（细菌、病毒、真菌、寄生虫、原生动物），包括抗生素耐药菌株	病原体可能存在于活检组织中，并被带到最终产品中，在食物处理或食用时，它们可能具有致病性	B	查阅畜群（对于陆生牲畜）或批次（对于水产养殖）的健康认证 由经认证的专业人员对来源动物和活检组织进行健康检查（宰前或宰后），看是否有感染的迹象 可以在采样时加入抗菌剂 样品可以冷藏以减少病原体的生长或代谢	可以在细胞入库之前进行检测 检测病毒，包括特定物种的病毒 在来源动物的健康信息有限的情况下，对朊病毒进行检测 对其他病原体进行检测	这种危害同样存在于传统肉类产品中 海产品或其他野生捕捞物种的健康认证和兽医检查很少或根本不存在	病原体存在于活检样品中或在活检过程中进入样品中>病原体在抗生素或抗霉菌处理中存活下来（如针对细菌和真菌）>病原体在细胞培养基中存活并复制>细胞培养在整个细胞来源、生产和收获以及食品加工阶段没有被破坏>病原体在肉眼观察或分析检测中均没有被发现>病原体在食品制备过程中存活下来>病原体在最终产品中达到对消费者有害的水平

（续）

序号	生产步骤①	危害因子	问题描述/对人类健康的影响	危害类型②	潜在的缓解控制措施	潜在的测试控制措施	该危害在其他食品或参照物中的类似危害情况、差距和相关经验	因果链示例
3.	细胞来源（活检步骤）	朊病毒	朊病毒可能存在于活检组织中，并被带到最终产品中，在食物处理或食用时可能具有致病性	B	由经过认证的专业人员对来源动物和活检组织进行健康检查（屠宰前或屠宰后），看是否有感染的迹象 查阅畜群健康认证 避免采购已知携带朊病毒的组织（如中枢神经系统组织） 从表型健康的动物和没有朊病毒病史的动物种群中获取组织	如适用，可以在细胞入库之前进行朊病毒检测（例如，如果来源动物的健康信息有限，特别是牛源动物）	这种危害也存在于某些传统肉类产品中 一些国家或地区有控制食用动物种群中朊病毒的法规	朊病毒存在于活检组织中并进入细胞培养物>朊病毒在细胞培养物中繁殖和扩散>细胞培养没有被破坏，并且朊病毒在整个细胞来源、生产和收获以及食品加工阶段没有被降解或检测到>朊病毒在食品制备过程中存活>朊病毒存在于最终产品中（任何数量都可能是有害的）
4.	细胞来源（活检步骤）	微生物毒素	微生物毒素可能来自特定的动物组织，并被带到最终产品中，如果被食用可能有害	C	根据不同的物种，查阅认证的健康信息可以指导动物的采购 从已知不携带产毒细菌或封存毒素的区域获取组织	在来源动物的健康信息有限的情况下进行毒素检测 在入库前计算毒素的稀释系数	这种危害也存在于一些传统海产品中	毒素存在于活检样本和带入培养基的细胞中>细胞培养未被破坏>毒素未被降解或清除>毒素在细胞来源、生产、收获和食品加工阶段未被检测到>毒素在食品制备过程中存留>毒素的含量高到足以构成健康风险

（续）

序号	生产步骤①	危害因子	问题描述/对人类健康的影响	危害类型②	潜在的缓解控制措施	潜在的测试控制措施	该危害在其他食品或参照物中的类似危害情况、差距和相关经验	因果链示例
5.	细胞来源（活检步骤）	转基因产生的新物质（具有过敏性或毒性）	源头动物被有意地进行了基因改造，从而产生了新的物质，如新的生物活性分子或蛋白质，这些物质如存在于最终产品中，如果被食用可能会有毒性，或者在食用或食物处理时可能会有过敏性	B，A	转基因动物的安全性评估③	测试并不适用，因为在这些情况下已经进行了安全评估	这种危害同样存在于其他转基因食品中	转基因产生的物质存于活检取得的细胞中>细胞表达的物质在细胞培养基中持续存在>细胞培养没有被破坏，该物质在整个细胞来源、生产和收获以及食品加工阶段没有被降解或清除>该物质在食品制备中存留>该物质在最终产品中的浓度超过最低残留量或可容忍的阈值（例如，对于可引起过敏反应的物质）
6.	细胞来源（活检步骤）	食物过敏原	来源动物有用于人类食物的历史，并且已知会产生过敏原；或者是没有作为人类食物历史的物种 一些消费者在处理或食用最终产品时可能会对其产生过敏性交叉反应	A	对已知过敏原进行标识	检测不适用，因为在这些情况下已经考虑到了安全问题	传统肉类、海产品和其他食品中也存在同样的危害	食物过敏原存在于细胞中，因为它们来自已知会产生过敏原的动物>该食物过敏原在细胞来源、生产和收获以及食品加工阶段没有被降解或清除>该过敏原在食品制备过程中存留>过敏原在最终产品中的浓度超过了可容忍的阈值

（续）

序号	生产步骤①	危害因子	问题描述/对人类健康的影响	危害类型②	潜在的缓解控制措施	潜在的测试控制措施	该危害在其他食品或参照物中的类似危害情况、差距和相关经验	因果链示例
7.	细胞来源（细胞培养）	病原体（细菌、病毒、真菌、寄生虫、原生动物）和致病因子（朊病毒）	细胞培养基成分或其他试剂中的病原体可能存在于最终产品中，如果处理或食用可能具有致病性	B	遵循相关的良好做法⑧ 根据培养基的组成，可以采用消毒方法（加热、辐照、过滤） 避免使用动物来源的成分 对来源动物进行健康检查（屠宰前或屠宰后） 查阅畜群/批次健康认证 从无病原体（例如，牛海绵状脑病[BSE]）的地区或畜群中获取试剂 可以使用抗菌剂来防止细菌和真菌污染	检测病毒，包括特定物种的病毒 在来源动物的健康信息有限的情况下，对朊病毒进行检测 对其他病原体进行检测	发酵食品、发酵食品成分和用于食品生产的重组酶中也可能存在这种危害	病原体、致病因子存在于要投入的物质中（如培养基、血清）>投入物未经消毒>病原体被转移到细胞培养物或细胞系中>病原体在抗生素或抗霉菌（如果使用）处理中存活>病原体在细胞培养物中存活并复制>病原体在生物反应器中存活并复制>细胞培养物被破坏>病原体在整个细胞来源、生产和收获以及食品加工阶段没有被任何测试或过程监测发现>病原体在食品中存活>病原体在最终产品中的含量对消费者有害
8.	细胞来源（细胞培养）	病原体（细菌、病毒、真菌、寄生虫）	由于操作人员、环境或设备不卫生，致病性污染物（细菌、病毒、真菌、寄生虫）可能被带到最终产品中，并在处理或食用时产生危害	B	遵循相关的良好做法⑧ 细胞和投入物的无菌处理 过程监控 可以使用抗菌剂来防止细菌和真菌污染 灭菌方法（加热、辐照、过滤）（如适用） 在液氮气相中储存细胞	在加工过程中或最终产品中检测致病性污染物	在传统的肉制品和常见食品加工过程中也存在同样的危害	病原体通过设备/环境、人员被引入细胞培养物>病原体被转移到细胞培养物或细胞系中>病原体在抗生素或抗霉菌处理（如果使用）中存活>病原体在细胞培养物中存活并复制>细胞培养未被破坏>病原体在细胞来源、生产、收获和食品加工阶段中未被任何检测或过程监测发现>病原体在食品加工中存活>病原体在食品制备中存活>最终产品中病原体的含量对消费者有害

（续）

序号	生产步骤[①]	危害因子	问题描述/对人类健康的影响	危害类型[②]	潜在的缓解控制措施	潜在的测试控制措施	该危害在其他食品或参照物中的类似危害情况、差距和相关经验	因果链示例
9.	细胞来源（细胞培养）	有害化学品、食品添加剂残留（培养基稳定剂、细胞功能调节剂、营养物质等）	在冷冻保存或细胞培养过程中使用的有害化学品（如类固醇、小分子实体、表面活性剂、消泡剂、pH缓冲剂等）的残留物或代谢物可能留在最终产品中，并在预期的食用暴露水平下具有毒性或致敏性	C, A	遵循相关的良好做法[③] 使用已有安全食用历史的化学品或调节剂 使用实现有效行动的最低用量 可以使用清洗程序来去除化学品或降低其浓度 使用非致敏性的、可安全食用的物质 评估潜在危害和暴露量，进行安全评估 制定规范	如果使用在食品中没有安全使用历史的化学品，对最终产品中有害化学品残留的水平进行量化 对最终产品中食品添加剂的水平进行量化 如果以某种方式对蛋白调节剂进行修改，可以对新物质进行过敏性测试	发酵和精密发酵产品、强化食品、用于陆生和水生物种的辅助生殖技术、新型和传统蛋白质以及其他加工食品中可能存在相同或类似的残留物 可以参考记录化学品在食品中的安全性或已知对食品安全的水平的数据库 对于其中一些物质，没有关于食品中安全水平的参考值	使用有害化学品或添加剂并带入细胞培养物中>细胞培养没有被破坏>化学品或添加剂没有被降解、代谢或清除，并且化学品或添加剂在细胞来源、生产、收获和食品加工阶段一直存在>化学品或添加剂在食品制备过程中存留>化学品或添加剂在最终产品中的浓度超过最低残留水平或可容忍的阈值（例如对于可引起过敏反应的化学品）
10.	细胞来源（细胞培养）	食物过敏原	添加到细胞培养物中的某些培养基成分或化合物可能含有过敏原，或来源于有致敏性的物质，当它们存留于最终产品中，在处理或食用时可能引起过敏反应	A	对已知过敏原进行标识 使用已知不含过敏原的成分 采用水解或其他工艺，以减少或消除规格的过敏性表位	在下游加工阶段对最终产品进行残留物测试，以确定过敏原的水平是否超标	传统肉类、海产品和其他食品中也存在同样的危害	食品过敏原、免疫物质用于培养基并进入细胞培养物>食品过敏原在整个细胞来源、生产、收获和食品加工阶段没有被降解或清除>过敏原在食品制备过程中存留>过敏原在最终产品中的浓度超过了可容忍的阈值>过敏原/免疫原成分没有在最终产品上正确标示或披露

（续）

序号	生产步骤①	危害因子	问题描述/对人类健康的影响	危害类型②	潜在的缓解控制措施	潜在的测试控制措施	该危害在其他食品或参照物中的类似危害情况、差距和相关经验	因果链示例
11.	细胞来源（细胞培养）	抗菌剂	抗菌剂被添加到培养基中，作为细胞培养过程中的一种预防措施，可能存在于最终产品中，并对健康造成危害或引起过敏反应	C，A	遵循相关的良好做法③ 在入库前检测抗菌剂的残留量 使用实现有效行动的最低用量	对最终产品中的抗菌剂残留水平进行量化	传统肉类和水生动物产品中也存在类似的危害 抗真菌剂被用于食品防腐剂和食品制备服务中	抗菌剂被使用并进入细胞培养物>细胞培养未被破坏>抗菌剂未被降解、代谢或清除，并且抗菌剂在细胞来源、生产和收获以及食品加工阶段一直存在>抗菌剂在食品制备中存留>抗菌剂在最终产品中的浓度超过最低残留水平或可容忍的阈值（例如，对于可引起过敏反应的抗菌剂）
12.	细胞来源（细胞培养）	由于有意的基因修饰，包括涉及转基因和由此产生的内源性基因的变化，而产生的新型过敏原或有害物质	在细胞系发育阶段实施基因修饰，导致新型物质的表达。这些新的蛋白质或生物活性分子如果出现在最终产品中，可能有毒性或致敏性 此外，内源性基因的变化可能会增加内源性过敏原或有毒物质的水平	B，A	基因修饰的方法可能不同，带来的危害也不同，需要逐一进行审查 避免编码致敏序列的修饰	对新蛋白质进行过敏性测试 对新蛋白质进行毒性测试 整个食品的成分分析（在后期加工阶段进行） 分析与修饰有关的分子的表达水平，并与食品的预期暴露相关联 验证该修饰是如期进行的，没有进一步改变基因组	其他转基因食品中也存在同样的危害	转基因细胞中的新物质具有危害性或致敏性>这些物质在细胞的安全评估中未被发现>细胞表达的物质在细胞培养物中持续存在>细胞培养未被破坏，该物质在细胞来源、生产、收获和食品加工阶段未被降解、代谢或清除>该物质在食品制备过程中存留>该物质在最终产品中的浓度超过最低残留量或可容忍的阈值（如可引起过敏反应的物质）

（续）

序号	生产步骤①	危害因子	问题描述/对人类健康的影响	危害类型②	潜在的缓解控制措施	潜在的测试控制措施	该危害在其他食品或参照物中的类似危害情况、差距和相关经验	因果链示例
13.	细胞来源（细胞培养）	食物过敏原	关于来源动物的潜在致敏性的信息有限 一些新的或更广泛的消费者接触到该物种的蛋白质，在食物处理或食用时可能会引起过敏反应	A	标签标示非常规物种	对新蛋白进行过敏性测试，包括与已知过敏原的生物信息学比较	在考虑将昆虫引入食物链时，也存在类似的危害	在可能产生过敏原的动物来源的细胞中，比较生物信息学未能检测到可能的食物过敏原>食物过敏原在整个细胞来源、生产和收获以及食品加工阶段没有被降解或清除>过敏原在食品制备中存留>过敏原在最终产品中的浓度超过了可容忍的阈值
14.	细胞来源（细胞培养）	新型毒素或过敏原，或内源性毒素或过敏原增加	由于基因组不稳定（如大面积重排）、遗传或表型不稳定（如因细胞分裂、支原体污染而产生的变异）和/或在细胞培养过程中通过物理或生化刺激诱发的新型毒素、有毒代谢物或过敏原的表达，这些毒素、有毒代谢物或过敏原在最终产品中存在，在食物处理或食用时变得（更）有毒或致敏	B，A	遵循相关的良好做法③ 根据所使用的物种或细胞，列出可能影响食品安全的相关成分，以便有效监测细胞监测 使用清洗程序来去除物质	通过分子技术评估遗传和表型的稳定性（如核型分析） 过敏性和毒性测试 分析与变化有关的分子的表达水平，并与食品的预期暴露相关联	常规育种或克隆过程中的遗传变异，也可能产生这种危害 这种危害也是细胞疗法和生物仿制药行业的一个关切点	遗传、基因组或表型不稳定影响细胞系中的相关基因或表型>内源性毒素或过敏原增加，或在细胞培养或细胞增殖过程中表达新的毒素或过敏原>没有发现这种变化，细胞中没有补偿机制来控制这些水平>这种变化没有破坏细胞培养>毒素或过敏原在整个细胞来源、生产、收获和食品加工阶段没有被降解、代谢或清除>毒素或过敏原在食品制备过程中存留下来>毒素或过敏原在最终产品中的浓度超过最低残留量或可容忍的阈值（例如，对于可引起过敏的物质）

101

（续）

序号	生产步骤[①]	危害因子	问题描述/对人类健康的影响	危害类型[②]	潜在的缓解控制措施	潜在的测试控制措施	该危害在其他食品或参照物中的类似危害情况、差距和相关经验	因果链示例
15.	细胞来源（细胞培养）	异物污染	源自人员、设备、包装材料或环境中其他地方的异物或物体(如塑料、金属、头发、珠宝、玻璃等)进入并存留于最终产品中, 导致对消费者的身体伤害	P	遵循相关的良好做法[③] 对设备、附件、部件进行目视检查 连续监测细胞	检查细胞	这种危害也存在于大多数加工食品中	异物进入细胞培养物>在整个细胞来源、生产、收获和食品加工阶段没有检测到污染物体>该物体存留于最终产品中, 达到对消费者有害的程度
16.	细胞来源（细胞培养）	过敏原、病原体或致病因子（如朊病毒）	不同来源或物种的细胞系之间的交叉污染可能会导致源自污染细胞系的过敏原、病原体或致病因子意外出现	B, A	遵循相关的良好做法[③] 液氮气相储存保存从冷冻库中取出的细胞小瓶的数据日志 在显微镜下定期检查质量, 查看是否存在其他细胞或污染物	确认细胞库和最终产品的细胞系身份 检测细胞库和最终产品中的病原体和过敏原	传统食品的生产和治疗用细胞培养中也存在类似的危害	在细胞来源、培养或储存过程中发生了交叉污染事件>污染的细胞在细胞培养中保持活力或繁殖>没有检测到交叉污染事件>细胞培养没有被破坏, 污染细胞在细胞来源、生产和收获以及食品加工阶段一直存在>污染细胞在最终产品中的浓度超过了可容忍的阈值(例如, 对于可引起过敏反应的细胞) 或达到了可能对消费者有害的水平

（续）

序号	生产步骤[①]	危害因子	问题描述/对人类健康的影响	危害类型[②]	潜在的缓解控制措施	潜在的测试控制措施	该危害在其他食品或参照物中的类似危害情况、差距和相关经验	因果链示例
17.	细胞来源（细胞培养）	化学污染物	化学污染物可以从设备、清洁产品、成分、空气、水或包装材料中引入，并可能在最终产品中达到对人类健康造成不良影响的水平	C	遵循相关的良好做法[③]　原材料质量控制使用食品级设备、清洁产品、包装材料	对最终产品中的化学品水平进行定量检测	传统食品中也存在同样的危害	设备、清洁产品、原料、空气、水、包装中含有化学污染物>细胞培养没有被破坏>化学污染物没有被降解、代谢或清除，在整个细胞培养、生产、收获和食品加工阶段，化学品一直存在>化学品在最终产品中的浓度超过最低污染物水平或可容忍的阈值（例如，对于能引起过敏反应的化学品）
18.	细胞来源	微塑料（包括纳米塑料）	微塑料从水、空气、设备、成分、包装材料或环境中的其他地方引入，并在最终产品中累积到对消费者有害的水平　微塑料本身就是一种潜在的危害，或者可以与其他成分相互作用而改变其特性	P	遵循相关的良好做法　过滤、原材料质量控制　减少塑料的使用	不适用	传统食品生产中也存在同样的危害	微塑料（MPs）在细胞来源或细胞培养过程中从水、空气、设备、原料、包装材料或环境的其他地方引入>微塑料不影响细胞生长>微塑料未被发现，并在细胞培养、生产、收获和食品加工阶段一直存在>微塑料在最终产品中的含量达到对消费者有害的水平

（续）

序号	生产步骤①	危害因子	问题描述/对人类健康的影响	危害类型②	潜在的缓解控制措施	潜在的测试控制措施	该危害在其他食品或参照物中的类似危害情况、差距和相关经验	因果链示例
19.	细胞来源	重金属	重金属（如铅、砷、镉、汞）可从来源动物（特别是水生动物）、水、空气、材料、设备、成分、包装材料中引入，并可能以导致毒性的水平存在于最终产品中	C	遵循相关的良好做法④ 原材料质量控制 使用食品级设备和包装材料，减少加工过程中与食品接触的金属的使用	对最终产品中的重金属含量进行定量检测 在进行活检之前，对来源动物进行重金属检测	传统食品中也存在同样的危害	重金属存在于来源动物、水、空气、成分、设备、清洁产品、包装中>水、空气、成分、设备净化不足以去除重金属>重金属被引入细胞培养物>重金属可能在整个细胞培养、生产、收获和食品加工阶段积累>生产商未检测到产品中存在重金属>最终产品中的重金属含量对消费者有害

资料来源：作者自己的阐述。

①细胞来源步骤包括肌肉活检、获取干细胞、细胞重编程、细胞分离、细胞储存、整体细胞系开发。生产步骤包括细胞增殖、细胞分化、生物反应器扩增。收获步骤包括细胞/组织的收获。食品加工步骤包括从生物反应器中收获产品后的任何其他过程。

②危害类型分为4类——B：生物危害；C：化学危害；P：物理危害；A：过敏原。

③可以遵循/参照现行食品法典准则，对来自重组DNA动物的食品进行食品安全评估（https://www.who.int/docs/default-source/food-safety/food-genetically-modified/cxg-068e.pdf?sfvrsn= c9de948e_2）。

④良好做法可能包括良好农业规范（GAP）、良好生产规范（GMP）、良好卫生规范（GHP）和良好细胞培养规范（GCCP）。危害分析与关键控制点（HACCP）策略通常将这些良好做法纳入其计划，同时为每个潜在危害指定基本控制点。

4.2.2   细胞生长和生产过程中的潜在危害

表6   **技术小组识别出的生产阶段的危害**

序号	生产步骤①	危害因子	问题描述/对人类健康的影响	危害类型②	潜在的缓解控制措施	潜在的测试控制措施	该危害在其他食品或参照物中的类似危害情况、差距和相关经验	因果链示例
20.	生产	具有潜在危害的结构材料和相关物质	结构材料（必需或非必需）或用于制造结构材料的物质属于有害物质，并留在最终产品中，对人类健康造成不利影响	A, C	使用非致敏性的、可安全食用的物质 材料符合质量规格要求 使用清洗程序来去除物质 对最终产品中的任何过敏性物质进行标示	对最终产品中的必需的结构材料和相关物质的含量进行量化	类似于将新物质和材料认定为新的食品成分和添加剂	使用的结构材料含有有害或致敏物质>材料未正确冲洗>材料对细胞生长没有可观察到的不利影响>材料对分化没有可观察到的影响>（对于非必需的结构材料）材料在细胞收获后未正确清除>材料在最终产品中存在的水平对消费者有害
21.	生产	化学污染物	化学污染物可从设备、清洁产品、成分、空气、水或包装材料中引入，并可能在最终产品中以对人类健康造成不利影响（如毒性）的水平存在	C	遵循相关的良好做法③ 原材料质量控制 使用食品级设备、清洁产品、包装材料	对投入物中的杂质水平进行量化 对最终产品中的化学品水平进行定量检测	传统食品中也存在同样的危害	设备、清洁产品、成分、空气、水、包装中含有化学污染物>细胞培养没有被破坏>化学污染物没有被降解、代谢或清除，化学品在整个生产、收获和食品加工阶段都存在>化学品在最终产品中的浓度超过最低污染物水平或可容忍的阈值（例如，对于可引起过敏反应的化学品）

（续）

序号	生产步骤 ①	危害因子	问题描述/对人类健康的影响	危害类型 ②	潜在的缓解控制措施	潜在的测试控制措施	该危害在其他食品或参照物中的类似危害情况、差距和相关经验	因果链示例
22.	生产	微塑料（包括纳米塑料）	微塑料从水、空气、设备、成分、包装材料或环境中的其他地方引入，并在最终产品中累积到对消费者有害的水平 微塑料本身就是一种潜在的危害，或者可以与其他成分相互作用而改变其特性	P	遵循相关的良好做法®过滤、原材料质量控制减少塑料的使用	不适用	传统食品生产中也存在同样的危害	微塑料（MPs）在细胞来源或细胞培养过程中从水、空气、设备、原料、包装材料或环境的其他地方引入>微塑料不影响细胞生长>微塑料未被发现，并在整个生产、收获和食品加工阶段一直存在>微塑料在最终产品中的含量达到对消费者有害的水平
23.	生产	重金属	重金属（如铅、砷、镉、汞）可从水、空气、材料、设备、成分、包装材料中引入，并可能在最终产品中达到导致毒性的水平	C	遵循相关的良好做法®原材料质量控制 使用食品级设备和包装材料，减少加工过程中与食品接触的金属的使用	对最终产品中的重金属含量进行定量检测	传统食品中也存在同样的危害	重金属存在于水、空气、成分、生物反应器设备、清洁产品、包装中>水、空气、成分、设备的净化不足以去除重金属>重金属被引入到细胞培养中>重金属可能在整个生产、收获和食品加工阶段积累>生产商没有检测到产品中存在重金属>最终产品中的重金属含量对消费者有害

（续）

序号	生产步骤	危害因子	问题描述/对人类健康的影响	危害类型	潜在的缓解控制措施	潜在的测试控制措施	该危害在其他食品或参照物中的类似危害情况、差距和相关经验	因果链示例
24.	生产	微生物毒素	某些微生物（细菌/真菌）在特定条件下产生的微生物毒素可能在加工过程中从设备、成分、空气、水、人类操作者引入产品；如果毒素存在于最终产品中，可能导致食源性疾病	B	遵循相关的良好做法®负责任地使用抗菌剂原材料质量控制	对最终产品中的毒素水平进行测试和量化	传统肉类和海产品生产中也存在同样的危害	在细胞生产过程中，毒素或能够产生毒素的微生物存在于设备、成分、空气、水、人类操作者中>生产商未能控制微生物/毒素>微生物/毒素进入产品中>微生物在适宜的条件下存在，产生毒素>毒素可能在生物反应器中的细胞增殖过程中积累>毒素可能在收获的产品中积累>毒素在最终食品中未被检测到>毒素的含量高到足以构成健康风险>毒素在热处理/食品加工过程中存留（或产品以生鲜的方式提供给消费者）
25.	生产	病原体（细菌、病毒、真菌、寄生虫、原生动物）和致病因子(朊病毒)	细胞培养基成分或其他试剂中的病原体可能存在于最终产品中，如果处理或食用可能具有致病性	B	遵循相关的良好做法®可以根据成分应用灭菌方法（加热、辐照、过滤）避免使用动物来源的成分源自无病原体［如牛海绵状脑病(BSE)］地区或牛群的试剂，或有健康认证的试剂负责任地使用抗菌剂对最终产品进行烹饪可以减少或消除一些病原体	检测病毒，包括特定物种的病毒在来源动物的健康信息有限的情况下，对朊病毒进行检测对其他病原体进行检测	发酵食品、发酵食品成分和用于食品生产的重组酶中也可能存在这种危害	病原体、致病因子存在于要投入的物质中（如培养基、血清、支架）>投入物未经消毒>病原体被转移到细胞培养物或细胞系中>病原体在抗生素或抗霉菌处理（如果使用）中存活>病原体在细胞培养物中存活和复制>病原体在生物反应器中存活并复制>细胞培养未被破坏>病原体在整个细胞来源、生产和收获以及食品加工阶段没有被任何测试或过程监测发现>病原体在食品加工过程中存活>病原体在食品制备过程中存活>病原体在最终产品中的含量对消费者有害

107

（续）

序号	生产步骤①	危害因子	问题描述/对人类健康的影响	危害类型②	潜在的缓解控制措施	潜在的测试控制措施	该危害在其他食品或参照物中的类似危害情况、差距和相关经验	因果链示例
26.	生产	病原体（细菌、病毒、真菌、寄生虫）	由于操作人员或设备不卫生，致病性污染物（细菌、病毒、真菌、寄生虫）可能被带到最终产品中，并在处理或食用时产生危害	B	遵循相关的良好做法③ 细胞和投入物的无菌处理 过程监控 负责任地使用抗菌剂 灭菌方法（加热、辐照、过滤）（如适用）	在加工过程中或最终产品中检测致病性污染物	在传统的肉制品和常见食品加工过程中也存在同样的危害	病原体通过设备、环境、人员被引入细胞培养物＞病原体被转移到细胞系中＞病原体在细胞培养物中存活并复制＞细胞培养未被破坏＞病原体在整个生产、收获和食品加工阶段未被任何检测或过程监测发现＞病原体在食品加工中存活＞病原体在食品制备中存活＞病原体在最终产品中的含量对消费者有害
27.	生产	有害化学品、食品添加剂残留（培养基稳定剂、细胞功能调节剂、营养物质等）	生产过程中使用的有害化学品（如类固醇、小分子实体、表面活性剂、消泡剂、pH缓冲剂等）或食品添加剂（如色素、香料、营养素、维生素）的残留物或代谢物可能留在最终产品中，并在预期的食用暴露水平下具有毒性或过敏性	C, A	遵循相关的良好做法③ 使用已有安全食用历史的化学品或调节剂 使用实现有效行动的最低用量 可以使用清洗程序来去除化学品或降低其浓度 评估潜在危害和暴露量，进行安全评估 制定规范	对最终产品中的有害化学残留物的水平进行量化 如果以某种方式对蛋白调节剂进行修改，可以对新物质进行过敏性测试	发酵和精密发酵产品、强化食品、用于陆生和水生物种的辅助繁殖技术以及其他加工食品中可能存在相同或类似的残留物 可以参考记录食品中化学品安全性或已知食品安全水平的数据库③ 对于其中一些物质，没有关于食品中安全水平的参考值 某些细胞功能调节剂天然存在于传统肉类和海产品中	使用有害的化学品或添加剂，并在细胞增殖阶段进入生物反应器＞细胞培养没有被破坏＞化学品或添加剂没有被降解、代谢或清除，并且化学品或添加剂在整个生产、收获和食品加工阶段一直存在＞化学品或添加剂在最终产品中的浓度超过最低残留量或可容忍的阈值（例如，对于能引起过敏反应的化学品）

（续）

序号	生产步骤①	危害因子	问题描述/对人类健康的影响	危害类型②	潜在的缓解控制措施	潜在的测试控制措施	该危害在其他食品或参照物中的类似危害情况、差距和相关经验	因果链示例
28.	生产	食物过敏原	添加到细胞培养物中的某些培养基成分或食品添加剂可能含有过敏原，或来源于有致敏性的物质，当它们存留于最终产品中，在处理或食用时可能引起过敏反应	A	对已知过敏原进行标识 使用已知不含过敏原的成分 采用水解或其他工艺，以减少或消除过敏性表位	在下游加工阶段对最终产品进行残留物测试，以确定过敏原的水平是否超标	传统肉类、海产品和其他食品中也存在同样的危害	食物过敏原/免疫原性物质被用于培养基，并在细胞增殖过程中进入生物反应器>食物过敏原在整个生产、收获和食品加工阶段没有被降解或清除>过敏原在食品制备过程中存留下来>过敏原在最终产品中的浓度超过了可容忍的阈值>过敏原/免疫原性成分没有在最终产品上正确标示或披露
29.	生产	抗菌剂	抗菌剂被添加到培养基中，作为细胞培养过程中的一种预防措施，可能存在于最终产品中，并对健康造成危害或引起过敏反应	C, A	遵循相关的良好做法③ 在入库前检测抗菌剂的残留量 使用实现有效行动的最低用量	对最终产品中的抗菌剂残留水平进行量化	在常规畜牧业生产和水产养殖的生产过程中也存在同样的危害 抗真菌剂被用于食品防腐剂和食品制备过程中	抗菌剂在细胞增殖期间被使用并进入生物反应器>细胞培养未被破坏>抗菌剂未被降解、代谢或清除，并且抗菌剂在整个细胞收获过程中持续存在>抗菌剂在食品制备过程中存留>抗菌剂在最终产品中的浓度超过最低残留水平或可容忍的阈值（例如，对于可引起过敏反应的抗菌剂）

109

（续）

序号	生产步骤[①]	危害因子	问题描述/对人类健康的影响	危害类型[②]	潜在的缓解控制措施	潜在的测试控制措施	该危害在其他食品或参照物中的类似危害情况、差距和相关经验	因果链示例
30.	生产	新型毒素或过敏原，或内源性毒素或过敏原增加	由于基因组不稳定（如大面积重排）、遗传或表型不稳定（如因细胞分裂、支原体污染而产生的变异）和/或在细胞培养过程中通过物理或生化刺激诱发的新型毒素、有毒代谢物或过敏原的表达，这些毒素、有毒代谢物或过敏原在最终产品中存在，在处理或食用时变得（更）有毒或致敏	B, A	遵循相关的良好做法[③]根据所使用的物种或细胞列出可能影响食品安全的成分细胞监测使用清洗程序来去除物质	通过分子技术评估遗传和表型的稳定性（如核型分析）致敏性和毒性测试分析与变化有关的分子的表达水平，并与食品的预期暴露相关联	常规育种或克隆过程中的遗传变异，也可能产生这种危害这种危害也是细胞疗法和生物仿制药行业的一个关切点	遗传、基因组或表型不稳定影响细胞系中的相关基因或表型>内源性毒素或过敏原增加，或在细胞增殖过程中表达新的毒素或过敏原>没有发现这种变化，细胞中没有补偿机制来控制这些水平>这种变化没有破坏细胞培养>毒素或过敏原在整个生产、收获和食品加工阶段没有被降解、代谢或清除>毒素或过敏原在最终产品中的浓度超过最低残留量或可容忍的阈值（例如，对于可引起过敏的物质）
31.	生产	异物污染	源自人员、设备、包装材料或环境中其他地方的异物或物体（如塑料、金属、头发、珠宝、玻璃等）进入并存留于最终产品中，导致对消费者的身体伤害	P	遵循相关的良好做法[③]对设备、附件、部件进行目视检查对细胞进行连续监测实施控制和检测措施	检查细胞	这种危害也存在于大多数加工食品中	在细胞增殖过程中，有异物进入生物反应器>在整个生产、收获和食品加工阶段没有检测到污染物>该物体存在于收获的细胞中>该物体在最终产品中的含量对消费者有害

（续）

序号	生产步骤[①]	危害因子	问题描述/对人类健康的影响	危害类型[②]	潜在的缓解控制措施	潜在的测试控制措施	该危害在其他食品或参照物中的类似危害情况、差距和相关经验	因果链示例
32.	生产	过敏原、病原体或致病因子（如朊病毒）	不同来源或物种的细胞系之间的交叉污染可能会导致源自污染细胞系的过敏原、病原体或致病因子意外出现	B，A	遵循相关的良好做法[③]液氮气相储存 保存从冷冻库中取出的细胞小瓶的数据日志 在显微镜下定期检查质量，查看是否存在其他细胞或污染物	确认细胞库和最终产品的细胞系身份 检测细胞库和最终产品中的病原体和过敏原	传统食品的生产和治疗用细胞培养中也存在类似的危害	细胞增殖期间在生物反应器中发生了交叉污染事件>污染的细胞在细胞培养中保持活力或繁殖>没有检测到交叉污染事件>细胞培养没有被破坏，污染细胞在生产、收获以及食品加工阶段一直存在>污染细胞在最终产品中的浓度超过了可容忍的阈值（例如，对于可引起过敏反应的细胞）或达到了可能对消费者有害的水平

资料来源：作者自己的阐述。

①细胞来源步骤包括肌肉活检、获取干细胞、细胞重编程、细胞分离、细胞储存、整体细胞系开发。生产步骤包括细胞增殖、细胞分化、生物反应器扩增。收获步骤包括细胞/组织的收获。食品加工步骤包括从生物反应器中收获产品后的任何其他过程。

②危害类型分为4类——B：生物危害；C：化学危害；P：物理危害；A：过敏原。

③可以遵循/参照现行食品法典准则，对来自重组DNA动物的食品进行食品安全评估（https://www.who.int/docs/default-source/food-safety/food-genetically-modified/cxg-068e.pdf?sfvrsn=c9de948e_2）。

④良好做法可能包括良好农业规范（GAP）、良好生产规范（GMP）、良好卫生规范（GHP）和良好细胞培养规范（GCCP）。危害分析与关键控制点（HACCP）策略通常将这些良好做法纳入其计划，同时为每个潜在危害指定基本控制点。

4.2.3　细胞收获期间的潜在危害

表7　技术小组识别出的收获阶段的危害

序号	生产步骤①	危害因子	问题描述/对人类健康的影响	危害类型②	潜在的缓解控制措施	潜在的测试控制措施	该危害在其他食品或参照物中的类似危害情况、差距和相关经验	因果链示例
33.	收获	化学污染物	化学污染物可从设备、清洁产品、成分、空气、水或包装材料中引入，并可能在最终产品中达到对人类健康造成不良影响的水平(毒性)	C	遵循相关的良好做法③ 原材料质量控制 使用食品级设备、清洁产品、包装材料	对最终产品中的化学品水平进行定量检测	传统食品中也存在同样的危害	设备、清洁产品、成分、空气、水、包装中含有化学污染物>化学污染物没有被降解或清除，化学品在整个收获和食品加工阶段都存在>化学品在最终产品中的浓度超过最低污染物水平或可容忍的阈值(例如，对于可引起过敏反应的化学品)
34.	收获	微塑料(包括纳米塑料)	微塑料从水、空气、设备、包装材料或环境中的其他地方引入，并在最终产品中累积到对消费者有害的水平 微塑料本身就是一种潜在的危害，或者可以与其他成分相互作用而改变其特性	P	遵循相关的良好做法③ 过滤、原材料质量控制 减少/限制塑料的使用	不适用	传统食品生产中也存在同样的危害	微塑料(MPs)在收获过程中从水、空气、设备、包装材料或环境的其他地方引入>微塑料未被发现，并在整个收获和食品加工阶段保留>微塑料在最终产品中的含量对消费者有害

（续）

序号	生产步骤①	危害因子	问题描述/对人类健康的影响	危害类型②	潜在的缓解控制措施	潜在的测试控制措施	该危害在其他食品或参照物中的类似危害情况、差距和相关经验	因果链示例
35.	收获	重金属	重金属（如铅、砷、镉、汞）可从水、空气、材料、设备、包装材料中引入，并可能在最终产品中达到导致毒性的水平	P	遵循相关的良好做法③ 原材料质量控制 使用食品级设备和包装材料，减少加工过程中与食品接触的金属的使用	对最终产品中的重金属含量进行定量检测	传统食品中也存在同样的危害	重金属存在于水、空气、成分、设备、清洁产品、包装中>水、空气、成分、设备的净化不足以去除重金属>重金属被引入到收获的细胞中>重金属可能在整个收获和食品加工阶段积累>生产商没有检测到产品中存在重金属>最终产品中的重金属含量对消费者有害
36.	收获	微生物毒素	某些微生物（细菌/真菌）在特定条件下产生的微生物毒素可以在加工过程中从设备、成分、空气、水、人类操作者中进入产品，从而影响人体健康	B	遵循相关的良好做法③ 负责任地使用抗菌剂 原材料质量控制	对最终产品中的毒素水平进行测试和量化	传统肉类和海产品生产中也存在同样的危害	毒素或能够产生毒素的微生物存在于设备、成分、空气、水、人类操作者中>生产商未能控制微生物/毒素>微生物/毒素进入产品中>微生物在适宜的条件下存在，产生毒素>毒素可能在收获的产品中积累>毒素在最终食品中未被检测到>毒素的含量高到足以构成健康风险>毒素在热处理/食品加工过程中存留（或产品以生鲜的方式提供给消费者）

（续）

序号	生产步骤①	危害因子	问题描述/对人类健康的影响	危害类型②	潜在的缓解控制措施	潜在的测试控制措施	该危害在其他食品或参照物中的类似危害情况、差距和相关经验	因果链示例
37.	收获	病原体(细菌、病毒、真菌、寄生虫、原生动物)和致病因子(朊病毒)	试剂或清洗介质中的病原体可能存在于最终产品中，如果处理或食用，可能具有致病性	B	遵循相关的良好做法③ 根据培养基的组成，可以采用消毒方法(加热、辐照、过滤) 避免使用动物来源的成分 源自无病原体[如牛海绵状脑病(BSE)]地区或牛群的试剂，或有健康认证的试剂 负责任地使用抗菌剂 对最终产品进行烹饪可以减少或消除一些病原体	检测病毒，包括特定物种的病毒 在来源动物的健康信息有限的情况下，对朊病毒进行检测 对其他病原体进行检测	发酵食品、发酵食品成分和用于食品生产的重组酶中也可能存在这种危害	病原体/致病因子存在于要投入的物品(如清洗缓冲液)中>投入物品未被消毒>病原体的含量高到足以污染细胞>病原体在整个细胞收获过程中未被任何检测或过程监测发现>病原体在食品加工中存留>病原体在食品制备中存留>病原体在最终产品中的含量对消费者有害
38.	收获	病原体(细菌、病毒、真菌、寄生虫)	由于操作人员或设备不卫生，致病性污染物(细菌、病毒、真菌、寄生虫)可能被带到最终产品中，并在处理或食用时产生危害	B	遵循相关的良好做法③ 过程监控 负责任地使用抗菌剂 灭菌方法(加热、辐照、过滤)(如适用)	在加工过程中或最终产品中检测致病性污染物	在传统的肉制品和常见食品加工过程中也存在同样的危害	病原体存在于设备、环境、人员中>病原体被转移到收获的细胞中，含量高到足以污染细胞>病原体未被任何检测发现>病原体在食品加工过程中存留>病原体在食品制备过程中存留>最终产品中病原体的水平对消费者有害

（续）

序号	生产步骤①	危害因子	问题描述/对人类健康的影响	危害类型②	潜在的缓解控制措施	潜在的测试控制措施	该危害在其他食品或参照物中的类似危害情况、差距和相关经验	因果链示例
39.	收获	有害化学品/食品添加剂残留	收获期间使用的有害化学品（如pH缓冲剂、清洗介质等）的残留物或代谢物可能留在最终产品中，并在预期的食用暴露水平下具有毒性或致敏性	C，A	遵循相关的良好做法③ 使用已有安全食用历史的化学品或调节剂 使用实现有效作用的最低用量 可以使用清洗程序来去除化学品或降低其浓度 评估潜在危害和暴露量，进行安全评估 制定规范	对最终产品中的有害化学残留物的水平进行量化 如果以某种方式对蛋白调节剂进行修改，可以对新物质进行过敏性测试	发酵和精密发酵产品、强化食品、用于陆生和水生物种的辅助生殖技术以及其他加工食品中可能存在相同或类似的残留物 可以参考记录化学品在食品中的安全性或已知对食品安全的水平的数据库 对于其中一些物质，没有关于食品中安全水平的参考值 某些细胞功能调节剂天然存在于传统肉类和海产品中	细胞收获过程中使用的有害化学品或添加剂进入产品中＞化学品或添加剂在最终产品中的浓度超过最低残留量或可容忍的阈值（例如可引起过敏反应的化学品）
40.	收获	食物过敏原	收获过程中使用的某些成分或食品添加剂（如pH缓冲剂、清洗介质等）可能含有过敏原或来源于有致敏性的物质，当它们存留于最终产品中，在处理或食用时可能引起过敏反应	A	对已知过敏原进行标识 使用已知不含过敏原的成分 采用水解或其他工艺，以减少或消除过敏性表位	在下游加工阶段对最终产品进行残留物检测，以确定过敏原的水平是否超标	传统肉类、海产品和其他食品中也存在同样的危害	食物过敏原在细胞收获或食品加工阶段没有被降解或清除＞过敏原在食品制备过程中存留＞过敏原在最终产品中的浓度超过了可容忍的阈值＞过敏原/免疫原性成分没有在最终产品上正确地标示或披露

（续）

序号	生产步骤①	危害因子	问题描述/对人类健康的影响	危害类型②	潜在的缓解控制措施	潜在的测试控制措施	该危害在其他食品或参照物中的类似危害情况、差距和相关经验	因果链示例
41.	收获	抗菌剂	抗菌剂是在收获过程中作为预防措施添加的，可能存在于最终产品中，并对健康造成危害或引起过敏反应	C，A	遵循相关的良好做法③ 在入库前检测抗菌剂的残留量 使用实现有效作用的最低用量	对最终产品中的抗菌剂残留水平进行定量检测	这种危害也存在于传统的牲畜生产和水产养殖的生产过程中抗真菌剂被用于食品防腐剂和食品制备过程中	抗菌剂没有被降解、代谢或清除，并在整个细胞收获过程中持续存在>抗菌剂在食品制备过程中存留下来>抗菌剂在最终产品中的浓度超过最低残留量或可容忍的阈值（例如，对于可引起过敏反应的抗菌剂）
42.	收获	异物污染	源自人员、设备、包装材料或环境中其他地方的异物或物体（如塑料、金属、头发、珠宝、玻璃等）进入并可能存留于最终产品中，导致对消费者的身体伤害	P	遵循相关的良好做法③ 对设备、附件、部件进行目视检查 连续监测细胞 实施控制和检测措施	对收获的材料进行检查	这种危害也存在于大多数加工食品中	异物进入收获的产品>在整个收获和食品加工阶段没有检测到污染物体>该物体存在于最终产品中，达到对消费者有害的水平

（续）

序号[①]	生产步骤[①]	危害因子	问题描述/对人类健康的影响	危害类型[②]	潜在的缓解控制措施	潜在的测试控制措施	该危害在其他食品或参照物中的类似危害情况、差距和相关经验	因果链示例
43.	收获	过敏原、病原体或致病因子（如朊病毒），视情况而定	不同来源或物种之间的细胞系的交叉污染可能会导致源自污染细胞系的过敏原、病原体或致病因子意外出现，可能对消费者有害	B，A	遵循相关的良好做法[④] 液氮气相储存保存从冷冻库中取出的细胞小瓶的数据日志 在显微镜下定期检查质量，查看是否存在其他细胞或污染物	确认细胞库和最终产品的细胞系身份 检测细胞库和最终产品中的病原体和过敏原	在传统食品的生产中也存在类似的危害	在收获过程中发生了交叉污染事件＞交叉污染事件未被发现＞污染细胞在最终产品中的浓度超过了可容忍的阈值（如对于可引起过敏反应的细胞）或达到了可能对消费者有害的水平

资料来源：作者自己的阐述。

①细胞来源步骤包括肌肉活检、获取干细胞、细胞重编程、细胞分离、细胞储存、整体细胞系开发。生产步骤包括细胞增殖、细胞分化、生物反应器扩增。收获步骤包括细胞/组织的收获。食品加工步骤包括从生物反应器中收获产品后的任何其他过程。

②危害类型分为4类——B：生物危害；C：化学危害；P：物理危害；A：过敏原。

③可以遵循/参照现行食品法典准则，对来自重组DNA动物的食品进行食品安全评估（https://www.who.int/docs/default-source/food-safety/food-genetically-modified/cxg-068e.pdf?sfvrsn=c9de948e_2）。

④良好做法可能包括良好农业规范（GAP）、良好生产规范（GMP）、良好卫生规范（GHP）和良好细胞培养规范（GCCP）。危害分析与关键控制点（HACCP）策略通常将这些良好做法纳入其计划，同时为每个潜在危害指定基本控制点。

4.2.4　加工过程中的潜在危害

表8　技术小组识别出的加工阶段的危害

序号	生产步骤①	危害因子	问题描述/对人类健康的影响	危害类型②	潜在的缓解控制措施	潜在的测试控制措施	该危害在其他食品或参照物中的类似危害情况、差距和相关经验	因果链示例
44.	食品加工	食品成分的物理化学转化	由于食品加工（如挤压、熏制、冷冻干燥）或储存而引起的结构和化学变化（如蛋白质结构或序列的改变、反应性物质形成/氧化）可能会对健康产生不利影响	C	遵循相关的良好做法③	没有安全使用历史的新成分在用于食品前必须进行物理化学转化测试　序列分析评估成分的反应活性（例如生物信息学、体外试验）　产品的毒性测试	传统食品生产中也存在同样的危害，但是细胞基食品可能含有新的投入物（如支架、残留物）和食品加工成分，必须进行测试	在食品加工过程中发生了物理化学转化>在食品中未检测到物理化学转化>物理化学转化构成健康风险>物理化学转化的量高到足以构成健康风险
45.	食品加工	细胞遗传物质的结构和化学变化	由于食品加工（如挤压、熏制、冷冻干燥），遗传物质的物理化学转化（如合成生物产品的释放或修饰），可能对健康造成不利影响	C	遵循相关的良好做法③	序列分析、产品毒性测试	任何通过现代生物技术生产的食品都存在同样的危害	在食品加工过程中发生了物理化学转化>在食品中未检测到物理化学转化>物理化学转化构成健康风险>物理化学转化的量高到足以构成健康风险

（续）

序号	生产步骤①	危害因子	问题描述/对人类健康的影响	危害类型②	潜在的缓解控制措施	潜在的测试控制措施	该危害在其他食品或参照物中的类似危害情况、差距和相关经验	因果链示例
46.	食品加工	微生物毒素	某些微生物（细菌/真菌）在特定条件下产生的微生物毒素可以在加工过程中从设备、成分、空气、水、人类操作者中进入产品 如果最终产品中存在毒素，可能会导致食源性疾病	B	遵循相关的良好做法③负责任地使用抗菌剂原材料质量控制	对最终产品中的毒素水平进行测试和定量	传统肉类和海产品生产中也存在同样的危害	毒素或能够产生毒素的微生物存在于设备、成分、空气、水、人类操作者中>生产商未能控制微生物、毒素>微生物处于产生毒素的适宜条件下>食品与微生物或毒素接触>毒素可能在收获的产品中积累>在最终食品中未检测到毒素>毒素的含量高到足以构成健康风险>毒素在热处理、食品加工中存留（或产品以生鲜的方式提供给消费者）
47.	食品加工	病原体（细菌、病毒、真菌、寄生虫）	由于操作人员、成分或设备不卫生，致病性污染物（细菌、病毒、真菌、寄生虫）可能被带到最终产品中，并在食物处理或食用时产生危害	B	遵循相关的良好做法③过程监控负责任地使用抗菌剂灭菌方法（加热、辐照、过滤）（如适用）	对最终产品中的毒素水平进行测试和定量	传统肉类和海产品生产中也存在同样的危害	毒素或能够产生毒素的微生物存在于设备、成分、空气、水、人类操作者中>生产商未能控制微生物、毒素>微生物处于产生毒素的适宜条件下>食品与微生物或毒素接触>毒素可能在收获的产品中积累>在最终食品中未检测到毒素>毒素的含量高到足以构成健康风险>毒素在热处理、食品加工中存留（或产品以生鲜的方式提供给消费者）

119

（续）

序号	生产步骤①	危害因子	问题描述/对人类健康的影响	危害类型②	潜在的缓解控制措施	潜在的测试控制措施	该危害在其他食品或参照物中的类似危害情况、差距和相关经验	因果链示例
48.	食品加工	有害化学品/食品添加剂的残留物	食品添加剂（如色素、香料、营养素、维生素）的残留物或代谢物可能留在最终产品中，并在预期的食用暴露水平下具有毒性或致敏性	C，A	遵循相关的良好做法③ 使用已有安全食用历史的化学品 使用实现有效作用的最低用量 可以使用清洗程序来去除化学品或降低其浓度 评估潜在危害和暴露量，进行安全评估 制定规范	对最终产品中的有害化学残留物的水平进行量化 如果以某种方式对蛋白调节剂进行修改，可以对新物质进行过敏性测试	发酵和精密发酵产品、强化食品、用于陆生和水生物种的辅助生殖技术以及其他加工食品中可能存在相同或类似的残留物 可以参考记录食品中化学品安全性或已知食品安全水平的数据库④ 对于其中一些物质，没有关于食品中安全水平的参考值	食品加工过程中使用的有害化学品或添加剂进入产品中＞化学品或添加剂在最终产品中的浓度超过最低残留量或可容忍的阈值（例如可引起过敏反应的化学品）
49.	食品加工	食物过敏原	添加到细胞培养物中的某些食品添加剂可能含有过敏原，或来源于有致敏性的物质，当它们存留于最终产品中，在处理或食用时可能引起过敏反应	A	对已知过敏原进行标识 使用已知不含过敏原的成分 采用水解或其他工艺，以减少或消除过敏性表位	在下游加工阶段对最终产品进行残留物测试，以确定过敏原的水平是否超标	传统肉类、海产品和其他食品中也存在同样的危害	在食品加工过程中使用了食品过敏原、免疫原性物质＞过敏原在食品制备过程中存留下来＞过敏原在最终产品中的浓度超过了可容忍的阈值＞过敏原、免疫原性物质没有在最终产品上进行正确地标示或披露
50.	食品加工	异物污染	源自人员、设备、包装材料或环境中其他地方的异物或物体（如塑料、金属、头发、珠宝、玻璃）进入并存留于最终产品中，导致对消费者的身体伤害	P	遵循相关的良好做法③ 对设备、附件、部件进行目视检查 对细胞进行连续监测 实施控制和检测措施	对包装产品进行检查（如使用金属探测器、磁铁）	这种危害也存在于大多数加工食品中	有异物进入最终产品＞在整个食品加工阶段没有发现污染物体＞该物体在最终产品中的含量对消费者有害

（续）

序号	生产步骤①	危害因子	问题描述/对人类健康的影响	危害类型②	潜在的缓解控制措施	潜在的测试控制措施	该危害在其他食品或参照物中的类似危害情况、差距和相关经验	因果链示例
51.	食品加工	化学污染物	化学污染物可从设备、清洁产品、成分、空气、水或包装材料中引入，并可能在最终产品中以对人类健康造成不利影响（如毒性）的水平存在	C	遵循相关的良好做法③ 原材料质量控制 使用食品级设备、清洁产品、包装材料	对最终产品中的化学品水平进行定量检测	传统食品中也存在同样的危害	设备、清洁产品、成分、空气、水、包装中含有化学污染物>化学污染物没有被降解或清除，化学品在整个食品加工阶段都存在>化学品在最终产品中的浓度超过最低污染物水平或可容忍的阈值（例如，对于可引起过敏反应的化学品）
52.	食品加工	微塑料（包括纳米塑料）	微塑料从水、空气、设备、成分、包装材料或环境中的其他地方引入，并在最终产品中累积到对消费者有害的水平 微塑料本身就是一种潜在的危害，或者可以与其他成分相互作用而改变其特性	P	遵循相关的良好做法③ 过滤、原材料质量控制 减少塑料的使用	不适用	传统食品生产中也存在同样的危害	微塑料（MPs）在食品加工过程中从水、空气、设备、包装材料或环境的其他地方引入>微塑料未被发现，并在整个食品加工阶段保留>微塑料在最终产品中的含量对消费者有害

121

（续）

序号[①]	生产步骤[①]	危害因子	问题描述/对人类健康的影响	危害类型[②]	潜在的缓解控制措施	潜在的测试控制措施	该危害在其他食品或参照物中的类似危害情况、差距和相关经验	因果链示例
53.	食品加工	重金属	重金属（如铅、砷、镉、汞）可从水、空气、材料、设备、成分、包装材料中引入，并可能在最终产品中达到导致毒性的水平	C	遵循相关的良好做法[④]原材料质量控制 使用食品级设备和包装材料，减少加工过程中与食品接触的金属的使用	对最终产品中的重金属含量进行定量检测	传统食品中也存在同样的危害	重金属存在于水、空气、成分、设备、清洁产品、包装中>水、空气、成分、设备的净化不足以去除重金属>重金属被引入到最终产品中>生产商没有检测到产品中存在重金属>重金属在最终产品中的含量对消费者有害

资料来源：作者自己的阐述。

①细胞来源步骤包括肌肉活检、获取干细胞、细胞重编程、细胞分离、细胞储存、整体细胞系开发。生产步骤包括细胞增殖、细胞分化、生物反应器扩增。收获步骤包括细胞/组织的收获。食品加工步骤包括从生物反应器中收获产品后的任何其他过程。

②危害类型分为4类——B：生物危害；C：化学危害；P：物理危害；A：过敏原。

③可以遵循/参照现行食品法典准则，对来自重组DNA动物的食品进行食品安全评估（https://www.who.int/docs/default-source/food-safety/food-genetically-modified/cxg-068e.pdf?sfvrsn=c9de948e_2）。

④良好做法可能包括良好农业规范（GAP）、良好生产规范（GMP）、良好卫生规范（GHP）和良好细胞培养规范（GCCP）。危害分析与关键控制点（HACCP）策略通常将这些良好做法纳入其计划，同时为每个潜在危害指定基本控制点。

⑤可以采用粮农组织/世卫组织食品添加剂联合专家委员会（JECFA）针对重组蛋白质的类似方法。

4.3 对识别出的危害的解释

4.3.1 物理危害——异物污染

异物包括在加工过程中可能从操作者、水、空气、设备、成分或包装材料中引入的物理污染物。这些污染物可以在生产过程中进入产品，如果不加以控制，在食用时可能导致身体伤害（如对口腔、牙齿或牙龈的伤害）。

发生这种情况，通常是有异物进入细胞培养物或产品，且未能检出。根据污染物进入的阶段，它将在整个细胞系开发、生产和食品加工阶段持续存在，并在最终产品中达到对消费者有害的水平。

4.3.2 化学危害

4.3.2.1 污染物

本书认定的化学污染物是在生产过程中无意中引入的化学物质。

兽药

兽药在许多畜牧业生产和水产养殖操作中使用。这些药物可能存在于被用作细胞基食品生产的细胞来源的组织中。因此，包括抗生素在内的兽药可能作为污染物存在于活检组织中，并可能存在于最终食品中，对人类健康造成负面影响。

发生这种情况，药物首先需要存在于取样的（活检）组织中。然后，细胞培养过程继续进行而不被药物本身的存在所干扰，药物在这个过程中未被降解、稀释或清除，药物在细胞系开发和建库阶段未被检测到。最后，药物需要在整个细胞系开发、生产和食品加工阶段持续存在但未被检测到，到达最终产品时的浓度超过最大安全水平。

这种危害可以通过获取来源动物的健康记录来控制，这些记录可以指导细胞的安全采集。在细胞基食品生产过程的上游，有控制兽药使用的措施。此外，测试可以用来量化细胞系和最终产品中的兽药水平。这种危害并不是细胞基食品所独有的，因为它也存在于传统的牲畜生产和水产养殖中。不同的是，在细胞基食品中，兽药被认为是一种化学污染物，而在畜牧业中，它们被认为是一种残留物（食品法典委员会将其称为食品中的兽药残留，或RVDF）。在细胞基食品中，兽药不是生产过程中有意引入的一部分，而是被视为从细胞来源中无意引入的污染物。

微生物毒素

微生物毒素是由一些微生物在特定条件下自然产生的有毒化合物。微生物毒素可能因任何生产步骤中的微生物污染而存在。此外，微生物毒素可能存在于用于细胞来源的宿主动物中。例如，一些鱼类，包括梭鱼、黑石斑鱼、狗鲷鱼和鲭鱼，已知寄生着能够产生毒素的共生微生物。这些毒素对宿主鱼本身无害，但食用后可能对其他生物（包括人类）有毒。

要发生这种危害，能够产生毒素的微生物，在某些情况下是毒素本身，必须存在于活检样本、人类操作者、水、空气、设备、成分或与细胞培养物或食品接触的包装材料中或其表面。微生物还必须在适宜的条件下才能产生毒素。这种毒素如要对人类构成可行的风险，它们必须在生产和食品加工过程中不被降解、清除或检测出来，在食品制备过程中存留下来，并在最终产品中达到对消费者有害的水平。

控制措施包括遵循相关的良好做法①，特别是负责任地使用抗菌剂和原材料质量控制。对于细胞来源，可以通过获得授权的健康信息来控制这种危害，具体取决于物种，这些信息可以指导细胞采集。对于细胞来源，可从已知不会产生毒素的组织或不寄生产生毒素的共生微生物的组织中获得细胞。此外，在来源动物的健康信息有限的情况下，可能需要进行毒素检测。当检测到毒素时，可以计算其稀释系数，并与已知的可接受的安全水平进行比较。这种危害和控制措施并不是细胞基食品所特有的，传统食品中也存在。

食品成分的物理化学转化

当产品中存在的成分与其他物质发生相互作用，导致化合物的结构或序列发生改变时，食品中就会发生物理化学转化。这种转化可能导致不良的反应性物质和其他化合物的出现，对健康产生有害影响。收获后对食品的加工（如熏制、热处理、化学处理），或在生产过程中对投入物的消毒（如辐照）可能引起这些转化。

要发生这种危害，产品中的物质必须对所使用的食品加工方法敏感，而且物理化学转化必须构成健康风险。然后，转化的化合物必须在食品中检测不到，并且在最终产品中的存在水平对消费者有害。

这种危害可以通过对最终产品进行安全评估来控制，包括对关键食品成分的化学转化进行分析。没有安全使用历史的新成分在用于食品之前可以进行物理化学转化的测试。成分的生物信息学和体外评估可用于筛选其反应性。如果转化对健康构成风险，可以制定规范来控制有害的转化。物理化学转化并不是细胞基食品所特有的，每一种食品和食品生产过程都要考虑。然而，细胞基食品可能包括传统肉类中不常见的成分和投入物（如支架、残留物），这可能导致新的物理化学转化，在对细胞基食品的食品加工技术进行风险评估时应加以考虑。

其他化学污染物

细胞基食品生产过程中使用的或与之接触的物质和材料可能含有化学污染物。潜在的污染物来源包括空气、水、成分、设备、清洁产品和包装材料。这些污染物可能包括但不限于，有毒重金属、杀虫剂、除草剂、杀真菌剂、持久性有机污染物（如全氟和多氟烷基物质或PFAS、多环芳烃或PAH、二噁英）、可迁移的食品接触材料在生产过程中的残留物，如未反应的单体或交联

---

① 良好做法可能包括良好农业规范（GAP）、良好生产规范（GMP）、良好卫生规范（GHP）和良好细胞培养规范（GCCP）。危害分析与关键控制点（HACCP）策略通常将这些良好做法纳入其计划，同时为每个潜在危害指定基本控制点。

剂，或必需的结构材料等添加物的分解产物。如果这些污染物中的任何一种存在于最终食品中，达到对消费者有害的水平，就会产生潜在的食品安全问题。

要发生这种情况，污染物需要从投入物或从环境、设备、清洁产品、成分或包装材料中引入，并直接通过细胞摄取或作为整体支架材料的组成部分融入产品中。这种污染物要持续存在，它必须不会对培养细胞的能量代谢、生长特性或任何其他表型产生可检测的影响，不会降解或被清除，并且在最终产品中的存在水平足以造成伤害。

可用于减轻这种风险的控制措施包括遵循相关的良好做法，特别是原材料质量控制和使用食品级的设备、清洁产品和包装材料。可以用分析测试来检测收获的细胞材料或最终食品中的污染物。这类危害在许多食品和食品生产过程中很常见，上述控制措施通常用于管理潜在的食品安全风险。

4.3.2.2 添加剂

在本书中，化学添加剂被认为是在生产过程中有意引入并预计在最终产品中存在的化学物质。

该物质将一直存在，确定会发生实质性暴露，对消费者的危害事件会按照预期发生。因此，控制与添加剂有关危害的策略所涉及的物质，通常毒性特征清晰并且有证据表明其预期暴露水平是安全的。虽然这种策略以多种不同方式表现（如授权、清单、批准、通知），但食品添加剂安全评估的一般原则还是被广泛接受的，并适用于添加到食品中物质的所有用途。对于新的添加剂或现有添加剂的新用途，可能需要先生成数据，然后将使用安全的信息提交监管部门获得批准。

必需的结构材料

支架、微载体、生物墨水和其他黏附表面为细胞附着、增殖以及在某些情况下的分化、成熟和随后的组织发育提供结构支持。这些结构通常由动物或植物来源的聚合物材料制成，例如纤维素和海藻酸、无机生物材料、合成材料或其中两种或多种的潜在混合物（Seah et al.，2022）。可以通过不同的合成、酶促反应或生物制造策略制成多孔形状物、模板或水凝胶。这些结构还可以赋予食物感官特性，例如质地。一个潜在的食品安全问题是，预期留在最终产品中的结构材料在一定暴露水平下可能是有害的。

其他食品添加剂

很多情况下，在培养过程或常规食品加工过程中会添加物质。这些物质不是细胞培养本身所必需的，而是为了改善感官特性或改变细胞基食品的特定营养。这些物质可能包括黏合剂、组织形成剂、植物蛋白源、调味剂和色素。如果这些物质的存在水平可能导致对消费者的伤害，就会产生潜在的食品安全问题。

125

4.3.2.3 残留物

在本书中，化学残留物被认为是在生产过程中有意引入但预期在最终产品中不会出现的化学物质。在食用前这些物质预计会被去除或被大大稀释。

抗菌剂

抗菌剂可用于细胞培养，以防止污染和保持无菌条件。使用抗生素，如青霉素、链霉素或庆大霉素，或抗真菌剂，可以最大限度地减少细胞系和细胞培养物的损失，节省时间和节约资源。然而，当用于细胞基食品生产时，这些物质可能作为残留物存在于最终产品中，并可能对健康造成危害。

此危害发生的条件是必须在细胞培养或食品加工过程中使用抗菌剂而不干扰细胞培养。此外，要在整个细胞来源、生产和收获、食品加工和食品制备过程中，抗菌剂不被降解、代谢或清除，并以超过安全残留水平的浓度留存在最终产品中。

控制这种危害的方法包括在生产的所有阶段限制使用抗菌剂，并通过使用无菌操作消除或减少培养过程中对抗菌剂的需求。抗菌剂的清洗程序也可以用来降低其在最终产品中的浓度。此外，还可以使用成分分析、生产商或监管机构制定的规范以及其他安全和质量控制措施，以确定收获的细胞材料中预期或允许的最大残留水平。这种危害并不是细胞基食品所特有的，因为在传统食品生产中使用抗菌剂时也会产生类似的担忧，包括整合到包装材料中，直接添加到食品中，以及在牲畜和水产养殖中作为饲料添加剂或兽药使用。

培养基营养物质

细胞培养通常涉及供应营养物质支持细胞活力和生长，包括碳水化合物、脂质和蛋白质以及维生素、矿物质和微量营养素。通常，这些物质在食品中很常见。然而，如果在特定的培养基配方中，这些物质中的一种或多种在最终产品中的含量水平会对消费者造成危害，就会产生潜在的食品安全问题。

要发生这种情况，营养物质需要以某种方式积累，如细胞内化或聚集到结构材料上。然后细胞不会完全代谢该物质，积累的物质不破坏细胞的能量代谢或生长，不干扰分化步骤，并且在细胞材料或最终产品中的存在水平对消费者有害。

对这种危害可采取的控制措施包括：在培养基中使用最低水平但足以实现理想生长的营养物质，并在培养过程中监测细胞参数（如生长情况），作为对细胞有害的指标。对细胞材料的成分分析有助于识别处于有害水平的营养物质。对最终产品进行安全评估，并在适当情况下对特定暴露场景进行成分分析，以及制定安全控制措施的规范可以有效地防范这项危害。一般来说，培养基所使用的许多营养物质都存在于各种传统食品中，而且关于这些物质的安全食用水平也有广泛的信息。

培养基稳定剂

细胞培养过程中需要使用一些物质来平衡培养基，包括控制pH和发泡，如消泡剂、表面活性剂、pH缓冲剂和pH指示剂。这类物质可以在培养的所有阶段使用，通常不被细胞代谢。如果这些物质的残留物存在于收获的细胞材料中，或最终食品中的此类物质达到对消费者有害的水平，就会产生潜在的食品安全问题。

要发生这种情况，在生产过程中要避免使用有害的化学品或添加剂。在整个细胞来源、生产和收获、食品加工和食品制备阶段，细胞培养没有被破坏，该物质也没有被降解、代谢或清除。该物质到达最终产品时的浓度需要超过安全的最大残留量。

对这种危害可采取的控制措施包括在培养中使用达到预期技术效果所需的最低水平的这类物质，在收获时使用经过验证的清洗步骤，以及遵守规范及其他安全和质量控制措施。此外，根据工艺分析或分析数据对消费者的潜在暴露水平进行评估，以选择预期消费者暴露水平下具有适当安全性的物质。这些物质中有许多是在常规食品加工过程中普遍使用的，并且可以找到安全使用水平的信息（如氢氧化钠、磷酸、硬脂酸、聚乙二醇、抗坏血酸、卵磷脂）。

细胞功能调节剂

细胞培养通常涉及使用一种或多种能向细胞提供适当信号的物质，以支持细胞持续生存、复制和分化。可以使用的潜在物质有很多，包括动物来源的血清（Lee et al.，2022）、蛋白质和肽（一般是重组的）、类固醇激素、核酸 [如微小核糖核酸（miRNA），信使核糖核酸（mRNA）] 和小分子实体（O'Neill et al.，2021）。如果一种或多种物质在最终产品中的含量足以对消费者造成与其作用方式有关的不良健康影响，就会产生潜在的食品安全问题。

要出现这种情况，该物质需要在培养过程中抵抗降解或同化，在收获时清洗后仍然存在，在常规食品加工和食品制备过程中抵抗降解，在被食用后表现出活性（例如，在摄入后继续能够引起生理反应），并且在最终产品中的含量足以对消费者造成伤害。

可用于控制这种危害的策略包括选择不具有经口活性的物质，使用可达到预期技术效果的最低量，在收获时使用经过验证的清洗步骤，以及遵守规范及其他安全和质量控制措施。此外，根据工艺分析或分析数据对消费者的潜在暴露水平进行评估，以选择预期消费者暴露水平下具有适当安全性的物质。迄今为止，这些物质一般没有在常规食品生产中使用过，所以可能有必要生成数据来支持特定的安全评估。然而，其中一些物质也用于常规动物生产中，如用于陆生和水生物种的辅助繁殖技术，这些信息为考虑特定消费者暴露情形的安全性提供了参考点。当使用内源性蛋白质的重组版本时，可能会出现相对于这个参考点的稳定性或活性的有意或无意的变化。

非必需的结构材料

在使用一些用于为培养细胞提供结构支持的支架、微载体、牺牲性生物墨水和其他贴壁表面时，可能打算在收获时或收获后去除该材料。如果该材料的残留物在最终产品中达到足以对消费者造成伤害的水平，则会导致食品安全问题。

要发生这种情况，结构材料在细胞收获后没有消除，并且该材料在最终产品中的含量对消费者有害。

对这种危害可采取的控制措施包括：选择适合预期用途且具有安全性的材料，对收获的细胞材料或最终产品进行成分评估，以评估潜在的残留物，基于分析数据评估消费者暴露水平，并根据预测的消费者暴露水平进行安全评估。这也是传统食品生产需要常规考虑的事项。

其他化学残留物

在培养过程中，为了各种技术目的，可能会使用一些其他化学物质，特别是在细胞分离和细胞系建立过程中，如冷冻保护剂（Best，2015）。潜在的食品安全问题是，这种物质在最终产品中的含量可以达到对消费者有害的水平。

要出现这个情况，该物质在此浓度下不能对培养期间的细胞活力产生不利影响，该物质必须保持足够高的浓度，在细胞体积大幅增加、多次液体交换和清洗步骤后仍有足够的含量，且最终产品中的化学残留物必须达到足以对消费者造成伤害的水平。

可用于控制这种危害的策略包括：培养过程中使用达到预期技术效果所需的最低水平的物质，尽可能地将使用限制在早期阶段，在收获时使用经过验证的清洗步骤，对最终产品中的潜在残留物进行量化，以及遵守规范及其他安全和质量控制措施。此外，根据工艺分析或分析数据对消费者的潜在暴露水平进行评估，可以为评估这类物质的安全性提供信息。另外，还可以根据预期的消费者暴露水平，选择具有适当安全性的物质。这种危害并非细胞基食品所独有。例如，类似的危害也存在于供人类食用的陆生和水生物种的辅助繁殖技术中。

4.3.2.4 过敏原

添加到食品中的一些化学物质能够引起某些人的过敏反应[①]。常见的食物

[①] 对过敏原的讨论还包括其他可以引起超敏反应的物质。任何食品都有可能引发超敏反应，对于细胞基食品来说，其考虑因素与其他任何新型成分的考虑因素是一样的。对此，可以参考粮农组织/世卫组织关于过敏原主题的系列出版物，其第一部分的链接如下：https://www.fao.org/3/cb9070en/cb9070en.pdf

来源的过敏原包括大豆、小麦、鸡蛋、虾和花生。能够引起过敏反应的物质可能在培养过程中作为成分引入（如结构材料、抗菌剂、培养基营养物质、培养基稳定剂、细胞功能调节剂），在最终产品中引入（如黏合剂、蛋白质来源），或通过同一生产厂生产的其他食品或成分的交叉污染引入。

要引发过敏反应，该物质必须是一种过敏原，在培养过程中不被降解或代谢，不被任何清洗步骤所清除，不被常规的食品加工和食品制备过程所降解；并且在最终产品中保持足够的浓度和足够完整的表位，能够引起易感人群的过敏反应。

对这种危害的控制措施包括从非过敏原中选择物质，在培养过程中使用达到预期技术效果所需的最低水平的物质，将潜在过敏原的使用限制在生产的早期阶段，以及在收获时使用经过验证的清洗步骤。还可以对最终产品中的潜在残留物进行量化，根据工艺分析或分析数据来评估消费者的潜在暴露水平，遵守规范，部署安全和质量控制措施以及在产品标签上标注。对于来源于已知过敏原的培养基营养物质，采用蛋白质水解来减少或消除过敏性表位是一种可能的控制手段。对于重组蛋白，则要考虑对于内源性序列的任何修饰对其蛋白致敏性的影响。关切点和风险管理策略与常规食品相同。

4.3.3 生物学危害

4.3.3.1 致病因子

病原体或致病因子包括微生物因子，如某些细菌（包括抗生素耐药菌株）、病毒、朊病毒、寄生虫、原生动物和真菌，它们可以通过感染或产生毒素引起人类疾病。这些致病因子可能存在于最终产品中，如果不加以控制，存在的水平足够高，可能会造成危害。

来自动物源性细胞的病原体

用于生成细胞系的活检组织样本中可能存在病原体或致病因子，并可能被带到最终产品中。

要出现这种情况，病原体必须在健康检查中未被发现，继续存在于样本中，或在活检过程中进入样本。然后，病原体必须在抗菌处理（如适用）中存活下来。之后，病原体在细胞培养物中存活和繁殖，细胞培养不被破坏，病原体在细胞系开发、生产到食品加工阶段不被检测到。病原体在肉眼检查或分析检测中未被发现，在食品制备过程中存活下来，并以对消费者有害的水平存在于最终产品中。

这种危害可以通过以下方式加以控制：获得畜群（陆生牲畜）或批次（水产养殖）的健康证明（如果有的话），由经过认证的专业人员对来源动物和活检组织进行健康检查（屠宰前或屠宰后），查看是否有感染的迹象，在采样时应用抗生素或添加抗真菌剂，保持样品低温以减少病原体的生长或代谢。然而，必须注意的是，对于海产品或其他野生捕捞物种来说，健康认证和兽医检查很少或不存在。为了减少感染朊病毒的风险，可以避免使用已知会携带朊病毒的组织（如中枢神经系统组织）。当来源动物的健康信息有限时，可以使用朊病毒检测。可以在细胞入库之前进行病原体检测，包括在必要时对特定物种的病毒进行检测。这种危害不是细胞基食品所特有的，因为它也存在于传统肉类生产中。细胞基食品和常规食品的关切点是相似的。

来自收获前引入物的病原体

病原体可能从生产过程中的投入物中引入，特别是动物来源的投入物，也有携带致病因子的风险。如果在生产过程中引入了病原体或致病因子，它们可能会在最终产品中持续存在，并在食用时引起疾病。

要出现这种情况，病原体或致病因子需要存在于投入物（如培养基、支架）中，并在质量控制过程中未被发现，这些控制措施包括查阅动物来源投入物的健康信息。然后，在对成分进行消毒（如适用）后，病原体仍然存在并具有活力。之后，病原体应在细胞培养物中持续存在，经过抗菌处理（如适用）后依然存活，并且细胞培养没有被破坏或过度生长。最后，病原体或致病因子在任何测试或过程监测中都没有被发现，在整个细胞系开发、生产、食品加工和食品制备阶段持续存在，并以对消费者有害的水平存在于最终产品中。

这种危害可以通过消毒方法（如热、超声、辐照、过滤－处理）来控制，这些方法可以根据投入物的情况来应用，并可以适当使用抗菌剂。如果可能，可以避免使用动物来源的成分（一种常见的病原体来源）。当使用动物来源的投入物时，由经过认证的专业人员对来源动物进行健康检查（屠宰前或屠宰后），查看是否有感染的迹象，并查阅畜群/批次健康认证（如果有的话），可以为动物来源成分的安全采购提供参考。然而，必须注意的是，对于海产品或其他野生捕捞物种来说，健康认证和兽医检查很少或不存在。可以使用抗生素和抗真菌剂来防止细菌和真菌污染。在适当的时候可以进行病毒检测，包括检测特定物种的病毒。在来源动物的健康信息有限的情况下，可以酌情对朊病毒进行检测（如对于来源于牛的成分）。在适当的时候也可以对其他病原体进行检测。过程监测是一个可以实施的工具，可用于检测污染性病原体。还可以部署生物传感器，以及使用认证的快速检测方法。这种危害不是细胞基食品所特有的，因为在生产发酵食品、发酵食品成分和重组酶的过程中也可能存在同类危害。

来自收获后投入物的病原体

与传统食品一样，病原体可能从水或食品加工过程中添加的成分中引入（如黏合剂、组织形成剂、营养素、香料、色素）。如果在食品加工过程中引入病原体或致病因子，它们可能会在最终产品中持续存在，如果被食用，可能会引起疾病。

要发生这种情况，病原体需要存在于在食品加工步骤中使用的成分、食品添加剂或其他物质中，在产品上定殖，并处于适当的生长条件下。然后，该病原体需要在进一步的食品加工过程中存活下来，在测试或过程监测中未被发现，并以对消费者有害的水平存在于最终产品中。

病原体可以通过遵循相关规范来控制，特别是预防控制措施，如遵守规范和标准安全测试程序。此外，使用有效的冷链可以减少病原体的生长。这种危害不是细胞基食品所独有的，因为它也存在于传统的食品生产和加工中。然而，重要的是要认识到，细胞基食品中的营养成分和先天微生物群可能与其传统的同类食品不同，这可能导致产品在食品加工过程中被食源性病原体定植的程度不同。

来自操作者或环境中的病原体

病原体可以从空气、设备（如采样工具、培养容器）、包装材料、食品生产或加工环境中的操作人员引入，特别是来自无症状感染的操作人员以及整个生产设施和过程中缺乏卫生规范的环境。

要发生这种情况，病原体首先通过设备、环境或操作人员被引入到产品中。病原体在抗菌剂处理（如适用）中存活下来，在培养物中存活并复制，并且细胞培养没有被破坏，病原体在整个细胞来源、生产、收获和食品加工阶段一直存在。病原体在肉眼检查或分析检测中未被发现，在食品制备过程中存活，并在最终产品中以对消费者有害的水平存在。

这种危害可以通过遵循相关规范来控制。具体来说，可以采用无菌悬浮细胞和投入物以及过程监测来防止病原体进入产品。此外，如适用可以使用抗菌剂来防止细菌和真菌污染，还可以使用消毒方法来消除污染。细胞储存在液氮气相中有助于防止污染。可在生产过程中或最终产品中对致病性污染物检测。这种危害不是细胞基食品所独有的，因为它也存在于常规生产和普通食品加工中。

4.3.3.2 来自安全食用历史有限的物种的细胞系

安全食用历史有限的物种有可能被用作细胞来源。在这种情况下，关于来源动物产生的潜在细胞产品、转化或内源性毒素的信息有限。

要发生危害的情况，来自安全食用历史有限的物种的毒素必须在所使用的细胞中表达，不会被降解，并在整个细胞系开发、生产、食品加工和食品制备阶段持续存在。该毒素必须在最终产品中以对消费者有害的水平存在。

这种危害可以通过参考源于非常规物种的最终产品和与现有数据库中已知毒素的生物信息学比较来控制，并在适当时进一步进行风险评估。然而，需要指出的是，所有的动物都没有完全注释的基因组，因此可能需要生成这些数据来进行比较。这种危害不是细胞基食品所独有的，因为在引入非传统的、不熟悉的或新的食品（如昆虫、海藻）进入食物链时也会产生类似的担忧。

4.3.3.3　遗传不稳定性

新型毒素的表达或毒素表达的变化可以由于基因组不稳定（如大的重排）、基因或表型不稳定（如细胞分裂、支原体污染引起的变异）而发生，也可以在细胞培养过程中通过物理或生化刺激诱发（Attwood and Edel，2019；Li et al.，2019，Ong et al.，2021）。这些必须是对消费者有害但对细胞无害的物质。目前，只知道这些物质的非常具体的例子，如某些维生素（Olson et al.，2021）。

这种危害如要发生，基因或表型的不稳定性将需要影响一个相关的基因，导致新的或增加的内源性毒素的表达。这种变化不会被发现或破坏细胞培养。在细胞来源、生产、收获、加工和食品制备过程中，该毒素不会被降解、代谢或清除，并以对消费者有害的水平存在于最终产品中。

考虑到所使用的物种和细胞的差异性和多样性，可以先科学了解与食品安全有关的基因成分来管理这种危害。需要对这类成分进行风险评估，以确定残留在最终食品中的成分的安全水平，与相关参考对应物的暴露水平进行比较，以确定该水平是否会影响食品安全。此外，通过分子技术（如核型分析）对基因和表型稳定性的评估表明，通常自发基因变化的发生率较低，包括那些可能与食品安全有关的变化。这种危害并非细胞基食品所独有，也存在于传统的育种或克隆程序中。此外，类似的危害也存在于细胞治疗和生物仿制药行业，这些行业的控制措施和最佳做法可供参考，可用于细胞基食品行业。

4.3.3.4　过敏原

许多用于食品生产的物种如海产品，已知存在过敏原。因此，来自此类细胞的过敏原可能存在危害。如果用作细胞来源的动物物种产生过敏原，或者在生产过程中发生细胞系的交叉污染，或者基因漂移导致新的或更多的过敏原产生，就可能发生这种情况。上述情况下，细胞基食品中都可能存在过敏原，一些消费者在食用最终产品时可能会出现过敏反应。如果细胞系来源的物种作为食物食用的历史有限，那么关于潜在过敏原的信息通常是有限的。新的或更广泛的消费者可能接触到这一物种的蛋白质，并可能产生过敏。

要发生这种情况，细胞中必须存在有能力引起过敏反应的物质（例如具有食物过敏原的一般特性，像热稳定性、对蛋白酶消化的稳定性、糖基化），可能源于已知会产生过敏原的动物，或者由于基因漂移而诱发了过敏原的产生。在整个细胞来源、生产、收获以及食品加工阶段，食品过敏原未被检出、降解或清除。对于交叉污染的情况，污染的细胞系必须在培养中保持活力。过敏原在食品制备过程中存留下来，并以超过阈值的浓度存在于最终产品中。

这种危害可以通过在最终食品上贴上已知过敏原的标签来控制。当细胞来自非常规物种的时候，与现有数据库中的已知过敏原进行生物信息学比较，可用于识别新型过敏原。然而，需要指出的是，并非所有的动物都有完全注释的基因组，因此可能需要生成这些数据来进行比较。细胞系之间的交叉污染可以通过遵循相关的良好做法规范来控制，特别是适当的储存和处理、生产线的分离、定期的安全和质量控制检查、人员培训，以及适当的记录保存计划。

这种危害并不是细胞基食品所特有的，与传统食品行业中存在的危害是一样的；在引进非传统的、不熟悉的或新的食品进入食物链时，也会产生类似的担忧。对于过敏原的交叉污染，可以比对生物制品的生产，都有哪些环节会造成细胞系的污染并损害产品。

4.3.4　其他危害

4.3.4.1　微塑料（包括纳米塑料）

微塑料是由塑料降解产生的小的（微米或纳米级）异物颗粒，在食物、水和空气中无处不在（WHO，2022）。微塑料本身就是一种潜在的危害，还可以与其他成分相互作用而改变其特性。目前尚不完全了解暴露于微塑料是否会产生毒性，如果是的话，会在多大程度上产生毒性。此外，微塑料可能导致最终食品中物质（有意或无意存在）的可用性发生变化。

要发生这种情况，微塑料需存在于空气、水或成分中，随后没有得到充分清除。或者，来自与最终产品接触的塑料设备、加工材料和包装材料。要构成健康危害，微塑料需要被引入到细胞培养过程或最终产品中而不被发现，不影响细胞生长，并且在最终产品中的含量对消费者有害。

对微塑料的控制措施包括遵循相关的良好做法规范，特别是过滤源头材料和减少与食品接触塑料的使用。分析方法正在形成，可能的补救技术仍处于研究阶段（Kwon et al.，2020）。这种危害并不是细胞基食品所特有的，因为微塑料颗粒的存在仍然是大多数食品的潜在问题。

4.3.4.2　有意的基因改造

源自转基因动物的细胞

在过去的几十年里，已经开发了几种用于食品生产的转基因（GM或重组DNA）动物。有一些这样的动物已被批准用于食品消费，并且已推出食品法典指南，用于评估来自重组DNA动物的食品的安全性（Codex Alimentarius，2008）。因此，在可预见的未来，用于细胞系开发的来源动物可能包括转基因物种，这可能导致收集的组织中存在新的物质。这种新的蛋白质或生物活性分子的安全性需要得到保证。

如果源自这种细胞系的最终产品具有危害性，则转基因动物中的新物质必须具有毒性，且在动物的安全评估中未检测到毒性。基因改造须在活检采集的细胞中表达，细胞表达的新物质在细胞培养中持续存在，不破坏细胞培养，并且在细胞来源、生产、收获和食品加工过程中不被降解或清除。该物质未被发现，并且其含量达到对消费者有害的水平。

在允许转基因动物用于细胞来源之前，可以通过遵循相关法典指南的食品安全评估来控制这种危害。这种危害不是细胞基食品所独有的，因为它也存在于任何源自转基因生物的食品（除细胞基食品外）中。

转基因（GM）细胞系

在某些情况下，可能在细胞系开发阶段对细胞系进行基因改造，以提高其通过培养用于细胞基食品生产的能力。基因改造也可能导致调节内源性生物活性物质或毒素水平的基因发生改变。此外，当基因改造涉及转基因时，可能会产生新的蛋白质；而它们的安全性需要得到保证。

如果源自这种细胞系的最终产品具有危害性，基因改造必须引入或增加有害物质的表达，而这些物质在对细胞的安全评估中没有被发现。该物质不会破坏细胞培养；在整个细胞来源、生产、收获、食品加工和食品制备阶段，不会被降解、代谢或清除。该物质未被检测到，在最终产品中的含量达到对消费者有害的水平。

这种危害可以通过检测新蛋白质的表达（如适用）、分析与修改有关分子的表达水平并与食品的预期暴露相关联，以及对新蛋白质进行毒性测试来控制。还可以进行验证，以确保基因组没有进一步变化。基因修改的方法可能不同，可能会引入不同的危害，需要逐个案例进行检查。这种危害并非细胞基食品所独有，因为其他转基因食品都可能存在同样的潜在危害。可以考虑遵照相关的法典指南（Codex Alimentarius，2008），以确保用于细胞基食品生产的细胞系基因改造的安全性。

此外，在食品加工过程中，食品的物理化学转化可能导致遗传物质的变化。大多数食品含有遗传物质，在食品加工和通过胃肠道的过程中，这些遗传物质大部分被降解。众所周知，在现有的食品中，遗传物质及其降解产物是没有危害的。然而，必须格外小心，以确保现代生物技术发展产生的基因不会导致额外的健康问题。

4.3.4.3 过敏原

对来源动物或细胞系进行人为的基因改造，可导致新的或更多的过敏原表达。

要发生这种危害，基因改造必须引入或增加有能力引起过敏反应的物质的表达。过敏原必须被表达出来，在细胞培养中持续存在，不被发现，并在最终产品中以足以对消费者造成伤害的水平存在。

这种危害可以通过对新蛋白的过敏性测试（如适用）、分析与修改有关分子的表达水平并与食品的预期暴露相关联，以及对新蛋白质进行毒性测试来控制。还可以进行验证，以确保基因组没有进一步变化。如果存在过敏原，应在最终产品上以标签标示。这种危害并非细胞基食品所独有，因为其他转基因食品也存在同样的过敏性问题。

© Steakholder/Dudi Moskowitz

4.4　不包括在危害识别范围内的其他关切问题

在识别危害和讨论不同情况下要对消费者造成伤害需要发生的事件顺序的过程中，技术小组注意到，人们可能会在大众传媒和社交媒体中遇到其他问题，声称对细胞基食品的生产过程及其潜在产品有某些担忧。鉴于这些问题受到的关注，即使以目前的科学认知，认为这一系列事件并不会危害消费者，技术小组依然考虑了相关问题。

其中一个担忧涉及食用后这些细胞可能继续存活。在细胞基食品的生产过程中，活细胞被用作来源材料并大量繁殖，最终形成产品。有人认为，具有扩增或永生复制能力的活细胞可能进入人体并存活，通过形成某种类型的肿瘤而导致危害。

如果发生这种情况，需要满足以下所有条件。首先，细胞在提供稳定的营养物质、溶解氧和固定温度的生物反应器环境中移出后，继续长时间保持活力。在收获后的一系列步骤中，细胞还可以在不利条件下保持活性，这些步骤通常包括传统的食品加工，在低温或冷冻温度下的处理和储存，以及包括加热烹饪在内的食用准备。假设细胞在这些步骤中存活下来并在最终食品中仍然保持活力，接下来还在胃肠道消化过程中存活下来，完整地穿过胃肠道屏障层，进入血液循环，尽管来自非人类物种，但在体内还会躲避免疫监视和攻击，最后才能在人体内增殖。

这些事件，即使只有一个真实发生，概率也是极低的，而且这种事件的发生在科学上是讲不通的。离体动物细胞与单个的细菌或酵母细胞不同，无法排除外部环境影响，也不能在没有生物体支持的情况下生存；在建造生物反应器的众多技术问题中，这是一项关键因素。更重要的是，根据目前对相关科学的认知，在生物反应器环境中具备的延长或持续的细胞复制能力，并不会赋予其在生物反应器之外的非受控环境中存活的能力，也不会赋予其在人体组织中驻留的能力，例如免疫逃避或组织入侵。此外，目前的科学知识并不支持通过引入来自他人的细胞而传染癌症的合理性，更不要说来自其他物种的细胞。

来自食用传统肉类（如许多动物组织）的经验性证据表明，这些肉类可能含有微瘤或癌前病变，包括具有可以增强繁殖能力的细胞，但经过常规食品加工后进食，未发现跨物种细胞存活和生长的报告实例。因此，上述每个步骤都不太可能发生，而且均不需要制造商积极干预。所有这些事件同时发生的概率是如此之小，很难构成一条危害路径。

另一个担忧是，某些细胞系来自目前未被食用的物种，可能携带在细胞培养过程中繁殖的新型微生物，其DNA存在于食品中，可能与人类微生物组的DNA重新结合，导致对消费者的不利影响。

要做到这一点，需要发生以下所有事件。该微生物必须在细胞分离过程中经受住抗生素的使用，在建立细胞库的过程中未被生产商发现，在培养过程中不损害动物细胞的生长，因为如果干扰生长会改变监测的培养参数，在收获过程中不被肉眼检查发现，不会被生产商使用的任何测试或质量控制措施监测到。最终食品中需要有足量的DNA（无论是来自活的微生物还是残留物），存留下来进入肠道，被肠道中的微生物吸收，发生重组，可传递功能性性状或表达产物，该性状或表达产物允许受体肠道微生物茁壮生长，足以改变整个微生物组，并且该性状或表达产物是独特的，与有食用历史的动物物种相关的所有微生物均不具备。

撇开所有这些事件同时发生的低概率不谈，没有证据可以表明有食用历史的物种相关微生物和无食用历史的物种相关微生物在这方面会有所不同。还有作为潜在污染物或残留物存在的遗传物质，它们要么来自使用的重组蛋白（可能有一些来自生产生物体的残留遗传物质），要么来自使用的转基因动物细胞系。有人会担心遗传物质可能被肠道微生物组或人类肠道细胞吸收，表达的产物对消费者有毒或有害。

要出现这种情况，遗传物质要能够抵御所有应用于所收获细胞材料的食品加工方法的降解，不被消化，并作为足够完整的序列留在肠道中，并且这个序列是能够编码表达产物的片段，在被肠道微生物或人类肠道细胞吸收后，整合到基因组中，可以发生活性表达。整合后的遗传物质产生的蛋白质，能够通过直接毒性或其他方式损害肠道微生物组而造成危害，而且这种吸收和表达需要在足够大的范围内发生，才能产生有意义的蛋白质数量。当考虑到改良动物细胞的具体情况时，表达的蛋白要以某种方式对消费者有害，而不是对培养中表达该蛋白的动物细胞有害。

考虑残余遗传物质作为重组蛋白污染物引入培养基的特定情形，如果在收获的细胞材料中存在，则重组蛋白产品需要包含来自生产生物体的DNA作为污染物。该DNA包括表达载体的残余物，这些残余物仍然能够有效地转染到另一个生物体中，并且残余物将被引入培养基中。假设已引入残余物，残余物还需要保持转化能力，抵抗培养条件下的降解，并在收获的细胞清洗后仍然存在。

当谈到对遗传物质（可能直接或间接用于培养动物细胞的生产过程中）的这种普遍关切时，技术小组承认，有明确的证据表明，在肠道中已经检测到多达数百个碱基对的食物来源DNA片段，这些片段可以被微生物或肠道细胞吸收，甚至进入循环。然而，就目前对动物和微生物细胞中转染事件的机制理解，以及对肠道微生物组的生态学的理解，包括在肠道中持续存在的、非常广泛的来自动物、植物和微生物的食物来源的DNA这一事实，都不能表明会发生具有临床意义的危害，从而可以推论上述事件序列并不是造成危害的可信途径。

最后一个推测性担忧涉及细胞培养过程中可能存在的支原体污染。这种污染在研究环境中比较常见，也可能在细胞培养设施中存在。可能很难通过被动措施检测出来，因为这类微生物的生长速度相对较慢，对培养物造成的干扰较小。某些人表达的担忧是，食品中存在的支原体可能在食用后成为人类病原体。

要做到这一点，支原体必须存在于培养物中，但不能明显破坏培养过程，否则通过监测环境参数会发现，要能逃脱主动监测或检测措施，作为活的微生物存在于成品食品中，并且能够通过口腔途径主动感染或发病。但在临床文献中还没有关于人类通过口腔途径感染或发病的报道。呼吸道感染是在与受感染者长时间接触后才可能发生的。泌尿生殖系统感染需要与受感染的人直接接触。所以根据目前对相关科学的理解，不可能确定为可信的危害途径。

4.5 沟通食品安全和建立消费者信任

4.5.1 推介细胞基食品的关键时刻

细胞基食品在世界大部分地区还没有上市，因此，大多数消费者还不了解这种食品及其生产过程。目前是监管机构就这些产品和生产过程相关的食品安全问题进行沟通的好时机，可以将自己打造为有用的、权威的和透明的信息来源，这对于建立公众对管理这些产品的食品安全监管系统的信任是必要的。在推介其他新的食品技术方面，有很多沟通失败的例子，例如生物技术（Mohorich and Reese，2019）和食品辐照（Bord and O'Connor，1990；Henson，1995）等，有充分证据证明食品监管机构采取战略性、主动沟通策略的重要性。一旦新产品进入市场，营销人员、消费者和媒体的关注点很可能会放在产品上，而不会在确保食品安全的监管程序上。

4.5.2 形成观点之前的参与

在细胞基食品大范围进入市场之时，伴随着营销活动（或反对活动），消费者、政策制定者和其他利益相关者可能已经持有固化的观点。研究表明，人类倾向于根据当前的信念和态度，以及已经相信的事实，对传入的信息赋予意义（Craik and Lockhart，1972；Shanks，2010），特别是在遇到不理解的信息时（Posner and Rothbart，2002）。一旦人们建立了对某项技术及其产品的心理模型（Johnson-Laird，2001），并确立了他们对这项技术的感觉，他们就会进行动机推理，以维系他们对这项技术的信念、态度和行动的一致性（Kunda，1990）。因此，他们寻找与之相符的信息（包括错误的信息），对不相符的信息打折扣或忽略，而当他们实在不能忽略与他们的信念、态度或行动不一致的信息时，他们倾向于寻找不适用的理由（Epley and Gilovich 2016；Kahan，2012）。

4.5.3 当前关于细胞基食品的沟通努力

一些监管机构已经在内部指定了关键联系人，负责沟通细胞基食品相关的信息。有些监管机构还建立了专门针对细胞基食品的网站，这些网站旨在为公众提供基本的信息，以回答利益相关者可能提出的问题，并建立收集主要关切点的机制。一些监管机构还与有经验的社会科学家签订合同，让他们开展调查研究，以更好地了解各类利益相关者关切的关键问题，包括消费者、细胞基和传统食品行业、倡导组织、记者和科学作家等。在组织这些活动的过程中，他们已经把自己打造成丰富信息来源的权威形象，并为公众了解细胞基食品的食品安全问题打造了至关重要的起点。

4.5.4 不同消费群体的风险认知存在差异

在任何一个国家的公民中，风险认知的类型和程度都可能存在很大的差异（Szejda and Dillard，2020）。许多消费者不熟悉细胞基食品及其生产方法，这种陌生感会很大程度影响他们对这类新产品相关风险的认知（Fischer and Frewer，2009）。此外，一些消费者表现出对他们不了解的事物做出最坏设想的倾向（Szejda and Dillard，2020）。

对细胞基食品的新颖性感兴趣的程度，或细胞基食品潜在的益处，可以淡化或加强这些风险意识（Rogers，2003；Szejda et al.，2019）。例如，人群分组研究发现，与那些对这种生物技术持怀疑或拒绝态度的消费者相比，对细胞基食品的潜力充满热情的消费者对安全的担忧和疑问较少（Szejda et al.，2019）。持怀疑态度的群体对细胞基食品中可能存在的添加剂和化学物质以及今后可能发现的长期安全问题表示担忧（Szejda and Dillard，2020）。不愿意尝试新食物（"恐新症"；Pliner and Hobden，1992）的人不太可能接受新型食物，如细胞基食品（Bryant et al.，2019；Hamlin et al.，2022；Siegrist and Hartmann，2020）。除了围绕这些新型食物的不确定性，拒绝细胞基食品的人还经常以道德（Mancini and Antonioli，2020）或宗教理由（Boerboom et al.，2022；Szejda et al.，2019）来捍卫自己的观点。实施严格的危害和风险评估、采取控制措施、提高透明度和进行有效的风险交流是消解这些风险担忧的重要策略。

4.5.5 并非所有的担忧都是基于证据的，但仍应解决

除本文中识别出的危害外，消费者可能还有其他顾虑。虽然其中一些问题在科学上可能不被认为是危害，但还是会强烈影响对细胞基食品的安全认知。细胞基食品的生产对公众来说有一些新的和不熟悉的方面，从而导致了某些消费者群体的担忧，比如对"非天然"的质疑（Gomez-Luciano et al.，2019；Wilks et al.，2021）。一些消费者不希望食用任何"非天然"的食品，包括利用创新技术生产的食品（Bugnagel，2022）。在这一点上，消费者可能会考虑三个方面：①食物的生长方式（食物来源）；②食物的生产方式（使用了什么技术和成分）；③最终产品的属性（Román et al.，2017）。另一个挑战是情感上对细胞基食品的抵抗，因为有些消费者认为这种食品是"荒谬的或令人厌恶的"，从而不愿意经常食用"细胞基食品"（Chriki et al.，2021；Liu et al.，2021；Hocquette et al.，2022；Quevedo-Silva and Pereira，2022）。

4.5.6 将危害和风险混为一谈

大多数消费者对科学的危害和风险分析不熟悉，容易混淆危害和风险的概念（Wiedemann，2022）。例如，他们会认为本文件（或任何文件）中详尽的危害清单就是风险，而不是具有一定发生概率的、威胁程度有差异的、可控的危害。为了纠正这些看法，监管者可以制定并实施沟通策略，将潜在的危害和每种风险可能代表的发生概率或威胁程度联系起来。本书中所识别出的因果链展示了控制这些潜在危害的可能性和能力。

4.5.7 危害的不可见性

检测食品中的危害往往需要相关的知识和工具，而这种危害对消费者来说通常是不可见的，所以消费者有时无法自行判断食品是否安全（Böcker and Hanf，2000；Green et al.，2003）。因此，消费者依赖并信任监管机构来确保食品安全（Lobb，2005）。在食品安全领域，有效的风险管理和沟通对于建立和维护消费者信心至关重要（Frewer et al.，1996）。在早期，与细胞基食品有关的食品安全恐慌，很容易动摇消费者的信心以及对监管过程和监管部门本身的信心（Böcker and Hanf，2000；Tonkin et al.，2020）。

4.5.8 无效的方法

细胞基产品是消费者不熟悉的新产品，使用了消费者不熟悉的技术，因此公众会有许多科学问题，这是合理的。然而，沟通科学问题，特别是与食品有关的问题，并不是简单地为公众提供新的信息或将科学发现的成果解释给他们听。就沟通新技术而言，"赤字模型"方法通常行不通。例如，如果一个住在新化工厂附近的住户被告知高科技的安全预防措施，但他根本不了解这些高科技，或者一个反对转基因的消费者被告知物种间基因转移的概率很低，但这个消费者根本不了解转基因到底是怎么回事，那么他们很可能不会改变反对意见（Brown，2009）。

4.5.9 关键人员的沟通技能

确保监管机构的关键人员对生产细胞基食品所涉及的技术、投入物、生产过程、潜在危害和控制方法有很好的理解，是与利益相关者互动和解决他们所关心的问题的一个必要起点。然而，了解与细胞基食品的生产和安全相关的过程和科学知识只是有效沟通的前提条件。沟通者还要具备"积极的倾听者"（Weger et al.，2014）、表达同理心（McMakin and Lundgren，2018）和建立信任（Slovic，1999）的能力，才能更成功地与他人互动。

4.5.10 获得消费者信任的先决条件

分享科学信息是科学传播的一个方面，但通过沟通技巧和一套以证据为基础的方法来吸引受众并将信息置于背景中（Howell et al.，2018），更有可能赢得消费者对监管机构的信任，并帮助消费者放心地对细胞基食品消费做出个人决定（de Bruin and Bostrom，2013）。信任会影响消费者是否愿意向专家学习（Lupia，2013；National Academies of Sciences，Engineering，and Medicine，2016；Renn and Levine，1991）。此外，消费者乐于向有共同目标和兴趣的来源学习（Lupia，2013；Martinez-Conde and Macknik 2017；Renn and Levine，1991），以及向共同领域有专长的人学习（Lupia，2013；Renn 和Levine，1991）。被认为有能力和诚实的沟通者，也被认为是更值得信任的（FAO/WHO，2016）。透明的沟通对于建立信任也很关键（Rawlins，2008；Jiang and Luo，2018）。有时，承认科学的不确定性也会增加受众对沟通者的信任（Frewer et al.，2002；Johnson and Slovic，1995；National Research Council，2012）。

4.5.11 透明度、开放性和公众参与度

对作出监管决定的过程进行透明地沟通，可能是主管部门良好沟通策略的最重要支柱（FAO/WHO，2016）。公众要能够确信这些决定是有切实依据的，并且目的是保护公众健康。为了促进这一点，监管部门可以考虑让感兴趣的利益相关者能够轻松访问健康和安全研究及数据（Siddiqui et al.，2022）。如果不同监管机构对其开展安全评估的结果具有一致性，将提高消费者对食品安全的信心，因此，跨机构合作是一个很好的方式。开放性对这一过程也很关键。开放性是指让所有食品安全的利益相关者都有机会参与进来，包括受风险影响的人和可能需要对风险负责的人（FAO/WHO，2016）。与利益相关者的沟通也应作为其中一个重要部分（Covello，2003）。

鉴于食品安全沟通是需要反复进行的，并且需要不断改进，监管部门可以考虑让关键利益相关者持续参与，还要考虑如何持续监测公众对这些新产品、相关生产方法的理解和关切点，以及如何有效应对有关这些产品的错误信息或虚假信息（OECD，2022），传统媒体和社交媒体方面尤为重要（Vosoughi et al.，2018）。

4.5.12 先解决利益相关者的关注问题

有效沟通的一个关键原则是首先解决人们希望得到答案的问题，而不是首先沟通专家认为他们应该知道的信息。如果专家首先解决了利益相关者最关

切的问题，利益相关者就更有可能听取和理解专家希望传达的信息。为了了解消费者的问题，监管机构不妨设立公共论坛，让监管机构和消费者有机会分享各自的观点。小组讨论是了解受众所思所想的另一种方式（Webb and Kevern，2001），通过交互过程分析，讨论小组的数据可以探索共建的意义，可以让监管者确定隐藏在消费者和其他利益相关者问题中的潜在关切。心理建模访谈也有助于揭示消费者对技术本身的看法（Morgan et al.，2002）。

4.5.13　呈现方式和信息设计

食品安全沟通策略，如使用熟悉的食品生产和控制危害的方法作为例子和类比来沟通信息，可能有助于受众理解风险发生的背景（Duit，1981）。此外，用人们已经熟悉的方式呈现科学信息可以使学习过程更容易。将新的科学信息以叙事形式呈现，包括视觉叙事（如漫画；Sundin et al.，2018），既能吸引受众，又能让他们更容易学习。个体可以更容易地处理和记忆以故事形式学习到的信息（Graesser et al.，2002；Greenhalgh，2001），因为与叙事相结合的认知过程是启发式的和低能耗的（Bruner，1985；Kahneman，2013）。总的来说，相比以传统方式呈现的科学信息，讲故事比只提供统计数据、信息的方式更容易被人理解和记住（Dahlstrom，2014）。有效的食品安全信息是：① 以证据为基础；② 有助于消费者做出决定；③ 对消费者适用和有用（Fischoff，Brewer and Downs，2011）。沟通策略应不断测试以确保其有效性（Kahan，2013；Maynard and Scheufele，2016）。

© Steakholder/Shlomi Arbiv

4.6 确定术语的特别考虑事项

4.6.1 一致且准确的术语有助于消费者理解和查找信息

恰当的命名，是真实而不具误导性的，有助于消费者做出知情的决策，帮助他们了解想购买或不想购买的产品（Hastak and Mazis，2011）。目前，大多数消费者不熟悉细胞基食品及其加工过程。监管部门可以在消费者初次接触到菜单上或商店里出售的产品之前，沟通这些问题，提高熟悉程度，避免上市时感到惊诧。在不同商品或品种中采用并始终使用一致的命名，并由所有利益相关者使用，可以帮助消费者更好地了解产品和工艺，并可以创建一个通用的搜索词，用来搜寻更多的信息（Hallman and Hallman，2020，2021）。

4.6.2 平衡术语问题

因为消费者在菜单上或商店里遇到细胞基产品之前，可能不熟悉这些产品，所以选择能够兼顾监管要求和营销需求的名称很重要（Hallman and Hallman，2021）。恰当的术语将帮助那些对细胞基食品知之甚少或一无所知的消费者了解它们的基本特征以及与传统同类产品的区别，帮助他们做出购买决定，还可以满足消费者对食品标签透明度的需求（FMI and Label Insight，2020）。

4.6.3 使用"肉"这一术语

"肉"这一商品名称的文化含义和现行法规要求因地区而异（Ong et al.，2020），因此使用"肉"这一术语来指代细胞基食品，可能不是所有地区都能接受（Hansen et al.，2021）。将产品称为"肉"也可能使清真（Boereboom et al.，2022）或犹太洁食（Krone，2022）标签复杂化，因为这种新型产品是否属于教规允许进食的食品可能主要取决于其生产方法（如细胞来源、其他投入物等）（Chriki and Hocquette，2020；Hamdan et al.，2021）。其他利益相关者，如一些传统肉类生产商，也可能反对在细胞基食品中使用"肉类"一词（Faustman et al.，2020）。混合型产品，包括不同比例的植物或其他成分的产品，也会变得复杂，事实上一些国家已经不允许对这类产品使用这一术语。

4.6.4 过敏原标签

"肉"的定义问题可能会使标注物种名称并提示过敏原的要求进一步复

杂化。为了提示有过敏症或超敏症的消费者，需要标明物种名称和成分组成
（Hallman and Hallman，2020）。

4.6.5 术语影响着人们的认知

对于消费者来说，产品名称创建了一个认知框架，影响着他们对产品是
什么的初步理解，并在他们接收关于产品及其生产工艺的新信息时起到指引
思考方向的作用（Charette，Hooker and Stanton，2015）。产品名称也创建了一
种情感或情绪框架，影响着消费者最初对产品或积极或消极的看法，并作为他
们未来评价该产品的一个重要起点（Siegrist and Hartmann，2020）。应避免使
用可能贬低细胞基产品（如假肉）或贬低传统产品（如免屠宰肉、干净肉、无
害肉）的名称，这样可以防止对细胞基食品或传统产品的误解（Chriki et al.，
Possidónio et al.，2021）。

© Wildtype / Aryé Elfenbein

4.6.6 利益相关者参与有关术语的决策

最后，不同的利益相关者，包括行业和倡导团体，可能对某些术语有偏
好或反对意见。基于客观标准、明确假设和经验证据的公开、透明的决策过
程将是非常重要的，这可以通过有组织地与来自细胞基食品行业、传统肉类行
业、倡导团体和消费者的利益相关者接触来完善。

4.6.7　确定现有术语是否适用于当地情况的评价标准

在可能的情况下，一致的术语可以促进国际贸易。然而，在新市场中确定合适的术语时，跨语言和文化的含义差异可能会产生意想不到的后果（CAIC，2021；Janat et al.，2020）。监管机构可以首先评估现有术语在其市场上是否可行。除了考虑拟议的命名是否与现有商标有潜在重合之外，监管机构还可以与有资质的社会科学研究人员合作，通过经验证据来评估：①术语是否传达了预期的含义；②使消费者能够将细胞基食品与传统的同类食品区分开来；③是否存在与其他食品相关的潜在含义；④与术语相关的积极或消极内涵；⑤与其他看起来或听起来相似的词语发生混淆的可能性；⑥可能被轻易关联或修改来贬低产品的词语。

4.6.8　对评价标准的评估

公开讨论、利益相关者（包括行业和倡导团体）的参与，以及透明的决策过程将有助于对议题的认同和理解（Scolobig and Lilliestam，2016）。在开始术语讨论时，先确定术语要实现的目标、证明这些目标得到满足的必要评价标准以及如何衡量这些标准，可以推动决策过程和建立共识（Munda，2008）。使用经验证据来评估每个评价标准将有助于确保结果的有效性和可靠性。在实施之前，审查提供相关主题经验证据的研究方法，也将有助于确保结果的有效性和可靠性，对这些研究进行适当的同行评审将增加其结果的可信度。

E 结论和前进的方向

　　危害识别只是正式风险评估过程的第一步。为了对细胞基食品进行适当的风险评估，必须收集足够数量的科学数据和信息，这是暴露评估和风险特征描述所必需的。为此，食品安全主管部门不妨与本地区或贸易伙伴国的其他食品安全主管部门合作，分享经验，以便补充细胞基食品的安全评估所需的数据和见解。此外，利益相关者的积极参与也有助于保持食品安全评估数据和结果的透明度。

　　许多技术小组成员（他们在各自的领域——公共部门、私营领域、学术界、研究机构和非政府组织中获得了有关细胞基食品的知识）指出，虽然目前还没有确定完美的术语，但术语是一个非常重要的问题，其作用不应低估。主管部门不妨参考第4.6节，仔细考虑能够有效融入其国家背景和语言的适当术语，同时又兼顾与相关国际术语的统一。

　　以动物为基础的肉类生产已经发展了数千年，以满足人们对安全和价格可接受的蛋白质来源的需求。在人口增长、经济发展和城市化的推动下，全球

©粮农组织/Oded Antman

动物蛋白产品的生产和消费持续增长。随着全球人口的迅速增长，必须仔细评估细胞基食品是否有助于为子孙后代提供健康、营养和可持续的食品，同时又能减少对环境的影响，如大幅减少土地和水的使用，减少温室气体的排放，减少与农业有关的污染，改善农场动物福利，减少可从动物传播到人类的人畜共患疾病的风险等。此外，在讨论技术的可持续性之前，建立能够保证细胞基食品安全的系统也很重要。

作为保证细胞基食品安全的第一步，技术小组识别出了在细胞来源或培养、生产、收获和加工过程中可能引入的潜在危害，并且着重讨论了如果这些危害对消费者造成伤害，需要有哪些伴随事件发生。

技术小组成员进行的危害识别工作是集思广益的第一步，也是极其重要的一步，考虑到了食用细胞基食品可能出现的所有潜在食品安全问题。此外，该书出版后，国际科学界对于该书的反馈和评论也将对推进该领域的发展起到极其宝贵的作用。

除了食品安全，技术小组触及的其他主题领域，如术语、监管框架、营养价值、消费者的看法和接受程度（包括口味和可负担性）也同样重要，甚至在将这种技术引入市场、寻求生产工艺的可持续性以及开发各种被消费者接受的最终产品方面更加重要。

解决细胞基食品仍存在诸多挑战和障碍，如高生产成本、规模扩张难题和基础知识的缺口，需要所有利益相关者在技术和财务上做出重大投入。虽然私人资金和研究努力将进一步推动该领域的发展，但重要的是要考虑到几个先进国家和中低收入国家在技术能力和研究机会方面的失衡。未来需要做的事情包括继续投资于研究和开发，以了解是否能够实现提高可持续性的预期益处。在这方面，重要的是要密切观察，相比传统生产的食品，细胞基食品带来多大程度（如果有的话）的差异。

© CellX/Ning Xiang

参考文献 | REFERENCES

Acevedo, C.A., Orellana, N., Avarias, K., Ortiz, R., Benavente, D. & Prieto, P. 2018. Micropatterning technology to design an edible film for in vitro meat production. *Food and Bioprocess Technology,* 11(7): 1267–1273. dx.doi.org/10.1007/ s11947-018-2095-4.

AgroChart. 2016. Israel. Agricultural Biotechnology (September 15th, 2016). Montreux: AgroChart. https://www.agrochart. com/en/news/5806/israel-agricultural-biotichnology.html.

Aiking, H. & de Boer, J. 2020. The next protein transition. *Trends in Food Science & Technology,* 105: 515–522. 10.1016/ j.tifs.2018.07.008.

Allan, S.J., De Bank, P.A. & Ellis, M.J. 2019. Bioprocess Design Considerations for Cultured Meat Production With a Focus on the Expansion Bioreactor. *Frontiers in Sustainable Food Systems*, 3. 10.3389/fsufs.2019.00044.p.

Allen, D. 2013. Upstream chemistry analysis in cell-based process development: Advantages of minimization. *BioProcess International,* 11(8): 62–65.

AMPS (Association for Meat, Poultry and Seafood Innovation). 2022. *A Guide to Terminology* [Online]. Alliance For Meat Poultry And Seafood Innovation. Cited 2022. https:// ampsinnovation.org/resources/a-guide-to-terminology.

Andriolo, G., Provasi, E., Brambilla, A., Lo Cicero, V., Soncin, S., Barile, L., Turchetto, L. et al. 2021. GMP-Grade Methods for Cardiac Progenitor Cells: Cell Bank Production and Quality Control. In Turksen, K., ed. *Stem Cells and Good Manufacturing Practices: Methods, Protocols, and Regulations,* pp. 131–166. New York, NY, Springer US. Available: https://doi. org/10.1007/7651_2020_286.

Arshad, M. S., Javed, M., Sohaib, M., Saeed, F., Imran, A. & Amjad, Z. 2017. Tissue engineering approaches to develop cultured meat from cells: A mini review. *Cogent Food & Agriculture,* 3(1). 10.1080/23311932.2017.1320814.

Attwood, S.W., & Edel, M.J. 2019. iPS-cell technology and the problem of genetic instability— Can it ever be safe for clinical use?. *Journal of clinical medicine,* 8(3), 288. 10.3390/ jcm8030288.

Awan, M., Buriak, I., Fleck, R., Fuller, B., Goltsev, A., Kerby, J., Lowdell et al. 2020. Dimethyl sulfoxide: A central player since the dawn of cryobiology, is efficacy balanced by toxicity? *Regenerative Medicine,* 15(3): 1463-1491. 10.2217/rme- 2019-0145.

Balasubramanian, B., Liu, W., Karthika, P. & Park, S. 2021. The epic of in vitro meat production - a fiction into reality. *Foods,* 10(6). dx.doi.org/10.3390/foods10061395.

BBC News. 2013. *World's first lab-grown burger is eaten in London.* www.bbc.com/news/science-environment-23576143.

Ben-Arye, T. & Levenberg, S. 2019. Tissue Engineering for Clean Meat Production. *Frontiers in Sustainable Food Systems,* 3. 10.3389/fsufs.2019.00046.

Best, B.P. 2015. Cryoprotectant toxicity: facts, issues, and questions. *Rejuvenation research,* 18(5): 422-436. 10.1089/ rej.2014.1656.

Bhat, Z.F., Morton, J. D., Mason, S.L., Bekhit, A.E. A. & Bhat, H.F. 2019. Technological, regulatory, and ethical aspects of in vitro meat: A future slaughter-free harvest. *Comprehensive Reviews in Food Science and Food Safety,* 18(4): 1192-1208. dx.doi.org/10.1111/1541-4337.12473.

Bhat, Z.F., Sunil, K. & Hina, F. 2015. In vitro meat production: challenges and benefits over conventional meat production. (Special Focus: Discussions on artificial meat.). *Journal of Integrative Agriculture,* 14(2): 241–248. dx.doi.org/10.1016/ S2095-3119(14)60887-X.

Billinghurst, T. 2013. Is 'shmeat' the answer? In vitro meat could be the future of food. *Gulf News.* https://gulfnews.com/going-out/is-shmeat-the-answer-in-vitro-meat-could-be-the-future-of-food-1.1176127.

Böcker, A., & Hanf, C.H. 2000. "Confidence lost and partially - regained: consumer response to food scares", *Journal of Economic Behavior & Organization,* 43: 471-85. https://doi.org/10.1016/S2095-3119(19)62589-X.

Bodiou, V., Moutsatsou, P. & Post, M.J. 2020. Microcarriers for Upscaling Cultured Meat Production. *Frontiers in Nutrition,* 7. 10.3389/fnut.2020.00010.

Boereboom, A., Sheikh, M., Islam, T., Achirimbi, E., & F. Vriesekoop. 2022. Brits and British Muslims and their perceptions of cultured meat: How big is their willingness to purchase? *Food Frontiers.* n/a:1–12. 10.1002/fft2.165.

Bomkamp, C., Skaalure, S.C., Fernando, G. F., Ben-Arye, T., Swartz, E. W. & Specht, E.A. 2022. Scaffolding Biomaterials for 3D Cultivated Meat: Prospects and Challenges. *Advanced Science,* 9(3): 2102908. https://doi.org/10.1002/advs.202102908.

Bord, R.J., & O'Connor, R.E., 1990. Risk communication, knowledge, and attitudes: Explaining reactions to a technology perceived as risky. *Risk analysis,* 10(4): 499-506. https://doi.org/10.1111/j.1539-6924.1990.tb00535.x.

Brown S. 2009. The new deficit model. *Nature nanotechnology,* 4, 609-611. https://doi.org/10.1038/nnano.2009.278.

Bruner, J. 1985. Chapter VI: Narrative and Paradigmatic Modes of Thought. Teachers College Record, 86(6): 97-115. https://doi.org/10.1177/0161468185086006.

Bryant, C.J. & Barnett, J. C. 2019. What's in a name? Consumer perceptions of in vitro meat under different names. *Appetite,* 137: 104-113. dx.doi.org/10.1016/j.appet.2019.02.021.

Bryant, C. & Krelling, F. 2021. Alternative Proteins in Brazil: Nomenclature for Plant Based & Cultured Meat. Sao Paolo: Good Food Institute Brazil. https://gfi.org.br/wp-content/uploads/2021/03/Nomenclature-Report.pdf.

149

Bryant, C., Szejda, K., Parekh, N., Deshpande, V. & Tse B. 2019. A Survey of Consumer Perceptions of Plant-Based and Clean Meat in the USA, India, and China. *Frontiers in Sustainable Food Systems*, 3: 11. https://dx.doi.org/10.3389/ fsufs.2019.00011.

Bugnagel, E. 2022. *Impacts of Perceived Food Naturalness on Consumer Behavior and Acceptance of Eco-Innovations.* Available from: https://opus.hs-furtwangen.de/frontdoor/ index/index/docId/8526.

Byrne, B. 2021. *State of the Industry Report: Cultivated Meat and Seafood.* Washington D C: The Good Food Institute. https://gfi.org/resource/cultivated-meat-eggs-and-dairy-state-of-the-industry-report.

CAIC (Cellular Agriculture Institute of the Commons). 2021. *The Results of the Survey on Japanese Attitudes toward Cellular Agriculture and Cell-Cultured Meat in 2020.* Tokyo: Cellular Agriculture Institute of the Commons. www.cellagri. org/english/survey-result.

Canada Food and Drug Administration. 2021. Food and Drug Regulations. *In:* Justice, M. O. (ed.). C.R.C., c. 870.

Carrington, D.P. 2020. No-kill, lab-grown meat to go on sale for first time. *The Guardian.* Cited 23 August 2022. www.theguardian.com/environment/2020/dec/02/no-kill-lab-grown-meat-to-go-on-sale-for-first-time.

Cellular Agriculture Canada. 2021. Cellular agriculture & the Canadian regulatory framework. https://static1.squarespace.com/static/5d2bab7b430eb50001e6b381/t/61a8cd9afdda0b5d248 05fe0/1638452642351/Cellular+Agriculture+%26+The+Canadian+Regulatory+Framework. pdf.

Central Bureau of Statistics. 2021. Population by Religion. *Population, Statistical Abstract of Israel,* No.72. Israel. https://www.cbs.gov.il/he/publications/doclib/2021/2.shnatonpopulation/ st02_02.pdf.

Charette, P., Hooker, N.H., & Stanton, J.L. 2015. Framing and naming: A process to define a novel food category. *Food Quality and Preference*, 40: 147-151.

Chriki, S., Ellies-Oury, M.P., Fournier, D., Liu, J., & Hocquette, J.F. 2020. Analysis of scientific and press articles related to cultured meat for a better understanding of its perception. *Frontiers in Psychology*, 11: 1845. https://doi.org/10.3389/ fpsyg.2020.01845.

Chriki, S., & Hocquette, J.F. 2020. The myth of cultured meat: A review. *Frontiers in nutrition*, 7. 10.3389/fnut. 2020.00007. https://doi.org/10.3389/fnut.2020.00007.

Chriki, S., Payet, V., Pflanzer, S.B., Ellies-Oury, M.P., Liu, J., Hocquette, E., Rezende-de-Souza, J.H. and Hocquette, J.F. 2021. Brazilian Consumers' Attitudes towards So-Called "Cell-Based Meat." Foods. 10:2588. 10.3390/foods10112588.

Choi, K.H., Yoon, J.W., Kim, M., Lee, H.J., Jeong, J., Ryu, M., Jo, C. *et al.* 2021. Muscle stem cell isolation and in vitro culture for meat production: A methodological review. *Comprehensive Reviews in Food Science and Food Safety*, 20(1): 10.1111/1541–4337.12661.

Chong, M., Leung, A.K.Y. & Lua, V. 2022. A cross-country investigation of social image motivation and acceptance of lab-grown meat in Singapore and the United States. *Appetite,*

173: 105990. doi.org/10.1016/J.APPET.2022.105990.

CIRS. 2021. *The Similarities between the Registration of New Food Raw Materials (Novel Foods) and New Food Additives in China (12 November 2021).* Huangzhou: CIRS. https://www.cirs-group.com/en/food/the-similarities-between- the-registration-of-new-food-raw-materials-novel-foods-and-new-food-additives-in-china.

Codex Alimentarius. 2008. Guideline for the Conduct of Food Safety Assessment of Foods Derived from Recombinant-DNA Animals (CAC/GL 68-2008). Codex Alimentarius Commission, Joint FAO/WHO Food Standards Program, Food and Agriculture Organization, World Health Organization, Rome and Geneva. http://www.codexalimentarius. net/download/standards/11023/CXG_068e.pdf.

Codex Alimentarius. 2018. *General Standard for The Labelling of Prepackaged Foods.* Rome: Food and Agriculture Organization of the United Nations. www.fao.org/fao-who-codexalimentarius/sh-proxy/es/?lnk=1&url=https%253A%252F%252Fworkspace.fao.org%252Fsites%252Fcodex%252FStandards%252FCXS%2B1-1985%252FCXS_001e.pdf.

Costa, M. 2022. Carne de laboratório é igual à carne real? Pesquisadora do Cefet-MG explica. *Estado do Minas*, 19 January 2022 www.em.com.br/app/noticia/tecnologia/2022/01/19/interna_tecnologia,1338760/carne-de-laboratorio- e-igual-a-carne-real-pesquisadora-do-cefet-mg-explica.shtml.

Covello, V.T. 2003. Best practices in public health risk and crisis communication. J Health Commun, 8(sup1): 5–8. https://doi.org/10.1080/713851971.

Craik F.I.M & Lockhart R.S. 1972. Levels of processing: *A framework for memory research.* Journal of Verbal Learning and Verbal Behavior, 11(6): 671-684. https://doi.org/10.1016/S0022-5371(72)80001-X.

Dahlstrom, M.F. 2014. Using narratives and storytelling to communicate science with nonexpert audiences. *Proceedings of the National Academy of Sciences*, 111: 13614–13620. 10.1073/pnas.1320645111.

Davies, M. 2016. *Corpus of News on the Web (NOW).* https://www.english-corpora.org/now.

de Bruin, B.W. & Bostrom A. 2013. Assessing what to address in science communication. *Proceedings of the National Academy of Sciences.* 10.1073/pnas.1212729110.

Di Bella, C., Traina, A., Giosuè, C., Carpintieri, D., Lo Dico, G.M., Bellante, A., Del Core, M., Falco, F., Gherardi, S., Uccello, M.M., Ferrantelli, V. 2020. Heavy Metals and PAHs in Meat, Milk, and Seafood From Augusta Area (Southern Italy): Contamination Levels, Dietary Intake, and Human Exposure Assessment. Front Public Health. 10.3389/fpubh.2020.00273. PMID: 32733834; PMCID: PMC7359620.

Dickson, D.C.M. 2005. *Insurance Risk and Ruin.* Cambridge University Press (CUP). ISBN 0-521-846404. ASTIN Bulletin: The Journal of the IAA, 35(2): 487–488. Cambridge University Press.

Ding, S., Swennen, G.N.M., Messmer, T., Gagliardi, M., Molin, D.G.M., Li, C., Zhou, G. & Post, M.J. 2018. Maintaining bovine satellite cells stemness through p38 pathway. *Scientific*

Reports, 8: 10808. https://doi.org/10.1038/s41598-018-28746-7.

Djisalov, M., Knezic, T., Podunavac, I., Zivojevic, K., Radonic, V., Knezevic, N. Z., Bobrinetskiy, I. et al. 2021. Cultivating multidisciplinarity: Manufacturing and sensing challenges in cultured meat production. *Biology*, 10(3). dx.doi.org/10.3390/biology10030204.

Duit, R. 1991. On the role of analogies and metaphors in learning science. *Science Education*, 75(6): 649-672.

Eibl, R., Senn, Y., Gubser, G., Jossen, V., van den Bos, C. & Eibl, D. 2021. Cellular Agriculture: Opportunities and Challenges. In: Doyle, M. & McClements, D. J., eds. *Annual Review of Food Science and Technology*, Vol 12, 2021, pp. 51–73. https://www.annualreviews.org/doi/pdf/10.1146/annurev-food-063020-123940.

Epley, N., & Gilovich, T. 2016. The mechanics of motivated reasoning. *Journal of Economic Perspectives*, 30(3): 133-40.

Ettinger, D.J. & Li, J. 2021. Japan is Contemplating the Future of Cell-based Meats. Martindale. (3 September 2021). https://www.martindale.com/legal-news/article_keller-and-heckman-llp_2550214.htm.

European Food Safety Authority (EFSA) Panel on Dietetic Products and Allergies. Turck, D., Bresson, J.-L., Burlingame, B., Dean, T., Fairweather-Tait, S., Heinonen, M., Hirsch-Ernst, K. I., et al. 2016. Guidance on the preparation and presentation of an application for authorisation of a novel food in the context of Regulation (European Union) 2015/2283. *EFSA Journal,* 14(11): e04594. https://doi.org/10.2903/j.efsa.2016.4594.

European Medicines Agency (EMA). 1998. Quality of Biotechnological Products: Derivation and Characterisation of Cell Substrates Used for Production of Biotechnological/Biological Products. https://www.ema. europa.eu/en/documents/scientific-guideline/ich-q-5-d-derivation-characterisation-cell-substrates-used-production-biotechnological/biological-products-step-5_en.pdf.

European Parliament. 2018. Answer given by Mr Andriukaitis on behalf of the European Commission. Question reference: E-004200/2018. Brussels and Strasbourg: European Parliament. https://www.europarl.europa.eu/doceo/document/E-8-2018-004200-ASW_EN.html.

European Parliament. 2019. Answer given by Mr Andriukaitis on behalf of the European Commission. Question reference: E-001992/2019. Brussels and Strasbourg: European Parliament. https://www.europarl.europa.eu/doceo/document/E-8-2019-001992-ASW_EN.html.

European Union. 2003. Regulation (EC) No 1829/2003 of the European Parliament and of the Council of 22 September 2003 on genetically modified food and feed. *In:* Union, E. P. a. t. C. o. t. E. (ed.). 1829/2003 https://eur-lex.europa.eu/eli/reg/2003/1829/oj.

European Union. 2015. Regulation (EU) 2015/2283 of the European Parliament and of the Council of 25 November 2015 on novel foods, amending Regulation(EU) No 1169/2011of the European Parliament and of the Council andrepealing Regulation (EC) No 258/97 of the

European Parliament and of the Council and Commission Regulation (EC) No 1852/2001 (Text with EEA relevance). *In:* Union, E. P. a. t. C. o. t. E. (ed.).1-22.2015/2283 https://eur-lex. europa.eu/eli/reg/2015/2283/oj.

European Union. 2023. Novel food catalogue. 09 March 2023. https://food.ec.europa.eu/safety/ novel-food/novel-food-catalogue_en.

FAO (Food and Agriculture Organization of the United Nations). 2009. G*M food safety assessment tools for trainers.* Rome: https://www.fao.org/3/i0110e/i0110e.pdf.

FAO. 2018. *World Livestock: Transforming the Livestock Sector through the Sustainable Development Goals.* Rome: Food and Agriculture Organization of the United Nations.www. fao.org/3/CA1201EN/ca1201en.pdf.

FAO. 2019. *In brief. Five Practical Actions towards Resilient, Low-Carbon Livestock Systems.* Rome: Food and Agriculture Organization of the United Nations. www.fao.org/3/ca7089en/ ca7089en.pdf.

FAO. 2021. *Food Labelling.* Rome: Food and Agriculture Organization of the United Nations. www.fao.org/food-labelling/en.

FAO. 2022. *Thinking about the future of food safe*ty: A foresight report. Rome: https://www.fao. org/3/cb8667en/cb8667en.pdfcb8667en.pdf.

FAO (Food and Agriculture Organization of the United Nations)/WHO (World Health Organization). 2014. Multicriteria-based ranking for risk management of food-borne parasites. Rome.302.No. 23.

FAO/WHO. 2016. Risk Communication Applied to Food Safety Handbook. (Food Safety and Quality Series, Volume 2). Rome: Food and Agriculture Organization of the United Nations. ISBN 978-92-4-154944-8 (WHO); ISBN 978-92-5-109313-9 (FAO). https://www.fao.org/ publications/card/en/c/I5863E/.

FAO/WHO. 2021. Codex Alimentarius 2021. https://www.fao.org/fao-who-codexalimentarius/sh-proxy/en/?lnk=1&url=https%253A%252F%252Fworkspace.fao.org%252Fsites%252Fcodex %252FMeetings%252FCX-701-44%252FWorking%2BDocuments%252Fcac44_15.Add.1e. pdf.

FAO/WHO. 2022. Codex Alimentarius 2022. https://www.fao.org/fao-who-codexalimentarius/sh-proxy/en/?lnk=1&url= https%253A%252F%252Fworkspace.fao.org%252Fsites%252Fcodex %252FMeetings%252FCX-702-82%252FWD%252FEx82_04e.pdf.

Faustman, C.D., Hamernik, D., Looper, M. & Zinn, A. 2020. Cell-based meat: the need to assess holistically. *Journal of Animal Science.* 10.1093/jas/skaa177.

FDA (Food and Drug Administration). 2010. Characterization and Qualification of Cell Substrates and Other Biological Materials Used in the Production of Viral Vaccines for Infectious Disease Indications: FDA-2006-D-0223. https://www.fda.gov/food/domestic-interagency-agreements-food/formal-agreement-between-fda-and-usda-regarding- oversight-human-food-produced-using-animal-cell.

FDA. 2019. Formal Agreement Between FDA and USDA Regarding Oversight of Human Food

Produced Using Animal Cell Technology Derived from Cell Lines of USDA-amenable Species. *In*: FDA (ed.). https://www.fda.gov/food/ domestic-interagency-agreements-food/ formal-agreement-between-fda-and-usda-regarding-oversight-human-food- produced-using-animal-cell.

FDA. 2020. Labeling of foods comprised of or containing cultured seafood cells: Request for information. *Federal Register*, 85(195): 63277-63280.

FDA. 2020. FDA Seeks Input on Labeling of Food Made with Cultured Seafood Cells. https://www.fda.gov/food/cfsan-constituent-updates/fda-seeks-input-labeling-food-made-cultured-seafood-cells.

FDA. 2023. Recently Published GRAS Notices and FDA Letters. 9 March 2023. https://www.fda.gov/food/gras-notice- inventory/recently-published-gras-notices-and-fda-letters.

FDA. 2023a. Current Animal Food GRAS Notices Inventory. 17 February 2023. https://www.fda.gov/animal-veterinary/ generally-recognized-safe-gras-notification-program/current-animal-food-gras-notices-inventory.

Fernandez, R.D., Yoshimizu, M., Ezura, Y. & Takahisa, K. 1993. Comparative Growth Response of Fish Cell Lines in Different Media, Temperatures, and Sodium Chloride Concentrations. *Fish Pathology*, 28(1): 27–34. 10.3147/jsfp.28.27.

Ferrer, B. 2021. Asian and US consumers are prepared to ride the next wave of alternative seafood, GFI highlights. Food Ingredients Global Insights (30 August 2022). https://www.foodingredientsfirst.com/news/asian-and-us-consumers-are-prepared-to-ride-the-next-wave-of-alternative-seafood-gfi-highlights.html.

Feyen, D. A. M., van den Akker, F., Noort, W., Chamuleau, S. A. J., Doevendans, P. A. & Sluijter, J. P. G. 2016. Isolation of Pig Bone Marrow-Derived Mesenchymal Stem Cells. In Gnecchi, M., ed. *Mesenchymal Stem Cells: Methods and Protocols*, pp. 225–232. New York, NY, Springer New York. https://doi.org/10.1007/978-1-4939-3584-0_12.

Fischer, A.R., & Frewer, L.J. 2009. Consumer familiarity with foods and the perception of risks and benefits. *Food Quality and Preference*, 20(8): 576-585. https://doi.org/10.1016/j.foodqual.2009.06.008.

Fischhoff, B., Brewer, N.T., Downs J.S., & United States. 2011. Communicating risks and benefits : an evidence-based user's guide. U.S. Dept. of Health and Human Services Food and Drug Administration. Retrieved February 2, 2023, from http://www.fda.gov/AboutFDA/ReportsManualsForms/Reports/ucm268078.htm.

Fish, K.D., Rubio, N. R., Stout, A.J., Yuen, J. S. K. & Kaplan, D.L. 2020. Prospects and challenges for cell-cultured fat as a novel food ingredient. *Trends in Food Science & Technology*, 98: 53–67. dx.doi.org/10.1016/j.tifs.2020.02.005.

FMI and Label Insight. 2020. Transparency trends: Omnichannel grocery shopping from the consumer perspective. 39 pgs. Available from: https://www.fmi.org/forms/store/ProductFormPublic/transparency-trends-omnichannel-grocery-shopping-from-the-consumer-perspective.

Forte Maiolino Molento, C., de Paula Soares Valente, J., Sucha Heidemann, M. & Glufke Reis, G. 2021. Intenção de consumo de carne celular no Brasil e por que is to é importante (Chapter 9). In: Palhares, J.C.P. (Ed.), *Produção Animal e Recursos Hídricos*. Brasilia: EMBRAPA, pp. 297-323. www.embrapa.br/busca-de-publicacoes/-/publicacao/1048070/producao-animal-e-recursos-hidricos.

FSANZ (Food Standards Australia New Zealand). 2017. Australia New Zealand Food Standards Code – Standard 1.5.1 – Novel foods. F2017C00324. https://www.legislation.gov.au/Details/F2017C00324.

FSANZ. 2021. *Cell based meat.* FSANZ. https://www.foodstandards.gov.au/consumer/generalissues/Pages/Cell-based-meat.aspx.

FSSAI (Food Safety and Standards Authority India). 2016. Food Safety and Standards (Health Supplements, Nutraceuticals, Food for Special Dietary Use, Food for Special Medical Purpose, Functional Food and Novel Food) Regulations, 2016. *In:* India, F. S. a. S. A. o. (ed.). New Delhi: REGD. NO. D. L.-33004/99. https://www.fssai.gov.in/upload/uploadfiles/files/Nutraceuticals_Regulations.pdf.

FSSAI. 2017. Food Safety and Standards (Approval for Non-Specified Food and Food Ingredients) Regulations, 2017. In: India, F. S. a. S. A. o. (ed.). New Delhi: F. No. 12/PA Regulation/Dir (PA)/FSSAI-2016. https://fssai.gov.in/upload/ uploadfiles/files/Gazette_Notification_NonSpecified_Food_Ingredients_15_09_2017.pdf.

Fraeye, I., Kratka, M., Vandenburgh, H. & Thorrez, L. 2020. Sensorial and Nutritional Aspects of Cultured Meat in Comparison to Traditional Meat: Much to Be Inferred. *Frontiers In Nutrition*, 7(35). https://doi.org/10.3389/fnut.2020.00035.

Frewer, L.J., Howard, C., Hedderley, D., Shepherd, R. 1996, "What determines trust in information about food-related risks? Underlying psychological constructs". *Risk Analysis*, 16(4): 473-485.

Frewer L., Miles S., Brennan M., Kuznesof S., Ness M., Ritson C. 2002. Public preferences for informed choice under conditions of risk uncertainty. *Public Underst Sci*, 11(4): 363-372. 10.1088/0963-6625/11/4/304.

Friedrich, B. 2021. *Cultivated meat: A Growing Nomenclature Consensus.* Washington D C: Good Food Institute. https://gfi.org/blog/cultivated-meat-a-growing-nomenclature-consensus.

Gulf Cooperation Council and Yemen (GCC) Standardization Organization. 2023. Standards. https://www.gso.org.sa/en/standards/.

GFI (Good Food Institute). 2022. Israel State of Alternative Protein Innovation Report. Israel. https://gfi.org.il/resources/israel-state-of-alternative-protein-innovation-report-march-2022/.

Gomez-Luciano, C.A., de Aguiar, L.K., Vriesekoop, F. & Urbano., B. 2019. Consumers' willingness to purchase three alternatives to meat proteins in the United Kingdom, Spain, Brazil and the Dominican Republic. Food Quality and Preference. 78:103732. 10.1016/j.foodqual.2019.103732.

Graesser, A.C., León, J.A., & Otero, J. 2002. Introduction to the Psychology of Science Text

Comprehension. In J. Otero, J. A. Leon, & A. C. Graesser (Eds.), The Psychology of Science Text Comprehension (pp. 1-15). Mahwah, NJ: Erlbaum.

Green, J.M., Draper, A.K. & Dowler, E.A. 2003, "Short cuts to safety: risk and 'rules of thumb' in accounts of food choice". *Health, Risk and Society*, 5(1): 33-52. https://doi.org/10.1080/13 69857031000065998.

Greenhalgh T. 2001. Storytelling should be targeted where it is known to have greatest added value. Med Educ. Sep, 35(9): 818-819. 10.1046/j.1365-2923.2001.01027.x. PMID: 11555216.

Greenwood, H. 2022. Kosher cheeseburgers? Rabbis say lab-grown meat can be eaten with dairy. *Israel Hayom*. https://www.israelhayom.com/2022/03/13/kosher-cheeseburgers-rabbis-say-lab-grown-meat-can-be-eaten-with-dairy/.

Gross, T. 2021. Novel Food Regulation in Israel: From Directive to Regulation. GSAP https://www.gsap.co.il/novel-food- regulation-in-israel-from-directive-to-regulation/.

Guan, X., Zhou, J., Du, G. & Chen, J. 2021. Bioprocessing technology of muscle stem cells: Implications for cultured meat. *Trends in Biotechnology*. 10.1016/j.tibtech.2021.11.004.

Hadi, J. & Brightwell, G. 2021. Safety of alternative proteins: technological, environmental and regulatory aspects of cultured meat, plant-based meat, insect protein and single-cell protein. *Foods*, 10(6). dx.doi.org/10.3390/foods10061226.

Hallman, W.K., & W.K. Hallman, II. 2020. An empirical assessment of common or usual names to label cell-based seafood products. Journal of Food Science, 85:2267–2277. 10.1111/1750-3841.15351.

Hallman, W.K. & Hallman, W. K., II. 2021. A comparison of cell-based and cell-cultured as appropriate common or usual names to label products made from the cells of fish. *Journal of Food Science*, 86(9): 3798-3809. dx.doi.org/10.1111/1750-3841.15860.

Hamdan, M.N., Post, M. J., Ramli, M.A. & Mustafa, A.R. 2018. Cultured meat in Islamic perspective. *Journal of Religion and Health*, 57:2193–2206. https://doi.org/10.1007/s10943-017-0403-3.

Hamdan, M.N., Post, M., Ramli, M.A., Kamarudin, M.K., Ariffin, M.F.M. & Huri., N.M.F.Z. 2021. Cultured Meat: Islamic and Other Religious Perspectives. UMRAN - International Journal of Islamic and Civilizational Studies, 8:11–19. 10.11113/umran2021.8n2.475.

Hamlin, R.P., McNeill, L. S. & Sim, J. 2022. Food neophobia, food choice and the details of cultured meat acceptance. *Meat Science*. 194:108964. 10.1016/j.meatsci.2022.108964.

Henchion, M., Moloney, A. P., Hyland, J., Zimmermann, J. & McCarthy, S. 2021. Review: Trends for meat, milk and egg consumption for the next decades and the role played by livestock systems in the global production of proteins. *Animal*, 100287. 10.1016/j.animal.2021.100287.

Handral, H.K., Tay, S.H., Chan, W.W. & Choudhury, D. 2020. 3D Printing of cultured meat products. *Critical Reviews in Food Science and Nutrition*. 10.1080/10408398.2020.1815172.

Hanga, M.P., Ali, J., Moutsatsou, P., de la Raga, F.A., Hewitt, C. J., Nienow, A. & Wall, I. 2020. Bioprocess development for scalable production of cultivated meat. *Biotechnology and*

Bioengineering, 117(10): 3029–3039. 10.1002/bit.27469.

Hansen, J., Sparleanu, C., Liang, Y., Büchi, J., Bansal, S., Caro, M.Á., & Staedtler, F. 2021. Exploring cultural concepts of meat and future predictions on the timeline of cultured meat. Future Foods, 4: 100041. https://doi.org/10.1016/ j.fufo.2021.100041.

Hanyu, 2021. Commercial launch of food grade basal medium: Serum-free culture of chicken and duck liver-derived cells by CulNet. Integriculture news (1 April 2022). https://integriculture.com/en/news/5509/.

Harvard. 2022. Iron. In: *Harvard T.H. Chan School of Public Health.* The Nutrition Source. Cited 17 May 2022. https://www. hsph.harvard.edu/nutritionsource/iron/.

Hastak, M., & Mazis, M.B., 2011. Deception by Implication: A Typology of Truthful but Misleading Advertising and Labeling Claims. Journal of Public Policy & Marketing, 30(2): 157–167. https://doi.org/10.1509/jppm.30.2.157.

Health Canada. 2021. Guidelines for the Safety Assessment of Novel Foods. *In:* Food Directorate, H. P. a. F. B., Health Canada (ed.). https://www.canada.ca/en/health-canada/services/food-nutrition/legislation-guidelines/guidance- documents/guidelines-safety-assessment-novel-foods-derived-plants-microorganisms/guidelines-safety-assessment- novel-foods-2006. html#shr-pg0.

Healy, L., Young, L. & Stacey, G.N. 2011. Stem Cell Banks: Preserving Cell Lines, Maintaining Genetic Integrity, and Advancing Research. In Schwartz, P. H. & Wesselschmidt, R. L., eds. *Human Pluripotent Stem Cells: Methods and Protocols,* pp. 15-27. Totowa, NJ, Humana Press. https://doi.org/10.1007/978-1-61779-201-4_2.

Henchion, M., Moloney, A.P., Hyland, J., Zimmermann, J. & McCarthy, S. 2021. Review: Trends for meat, milk and egg consumption for the next decades and the role played by livestock systems in the global production of proteins. *Animal:* 100287. 10.1016/ j.animal.2021.100287.

Henson, S. 1995. Demand-side constraints on the introduction of new food technologies: The case of food irradiation. *Food Policy,* 20(2): 111-127. https://doi.org/10.1016/0306-9192(95)00020-F.

Hocquette, É., Liu, J., Ellies-Oury, M.P., Chriki, S. & Hocquette, J. F. 2022. Does the future of meat in France depend on cultured muscle cells? Answers from different consumer segments. *Meat Science*, 188:108776. 10.1016/j. meatsci.2022.108776.

Hong, T., Shin, D., Choi, J., Do, J. & Han, S. 2021. Current issues and technical advances in cultured meat production: a review. *Food Science of Animal Resources,* 41(3): 355–372. dx.doi.org/10.5851/kosfa.2021.e14.

Howell, E.L., Wirz, C.D., Brossard, D., Jamieson, K.H., Scheufele, D.A., Winneg, K.M., & Xenos, M.A. 2018. National Academies of Sciences, Engineering, and Medicine report on genetically engineered crops influences public discourse. *Politics and the Life Sciences*, 37(2): 250–261. Cambridge University Press.

Israel Ministry of Health. 2015. Article 18 Public Health (Food) Protection Law 2015. I*n:* Israel,

Ministry of Health (ed.). Article 18 Public Health (Food) Protection Law 2015. https://www.health.gov.il/LegislationLibrary/health-mazon01A.pdf.

Janat, C. & Bryant, C. 2020. *Cultured Meat in Germany: Consumer Acceptance and a Nomenclature Experiment.* Miami: Cellular Agriculture Society. https://osf.io/dj9qx/download.

Jewish Telegraphic Agency (JTA). 2018. Rabbi: Lab-grown pork could be kosher for Jews to eat - with milk. *Times of Israel.* Available: https://www.timesofisrael.com/rabbi-meat-from-cloned-pig-could-be-eaten-by-jews-with-milk/.

Jiang H. & Luo Y. 2018. Crafting employee trust: From authenticity, transparency to engagement. *Journal of Communication Management,* 22(2): 138-160. 10.1108/JCOM-07-2016-0055.

Johnson, B.B., & Slovic, P. 1995. Presenting uncertainty in health risk assessment: Initial studies of its effects on risk perception and trust. *Risk Analysis,* 15(4): 485–494. https://doi.org/10.1111/j.1539-6924.1995.tb00341.x.

Johnson-Laird, P.N. 2001. Mental models and deduction. *Trends in cognitive sciences,* 5(10): 434-442. https://doi.org/10.1016/S1364-6613(00)01751-4.

Jonas, D.A., Elmadfa, I., Engel, K.H., Heller, K.J., Kozianowski, G., König, A., Müller, D., Narbonne, J.F., Wackernagel, W., Kleiner, J. 2001. Safety considerations of DNA in food. *Annals of Nutrition and Metabolism,* 45(6):235-254. 10.1159/000046734. PMID: 11786646.

Jones, P.W. 1998. Testing health status ("quality of life") questionnaires for asthma and COPD. *European Respiratory Journal,* 11(1): 5-6. DOI: 10.1183/09031936.98.11010005.

Joo, S.T., Choi, J.S., Hur, S.J., Kim, G.D., Kim, C.J., Lee, E.Y., Bakhsh, A. *et al.* 2022. A Comparative Study on the Taste Characteristics of Satellite Cell Cultured Meat Derived from Chicken and Cattle Muscles. *Food Science of Animal Resources,* 42(1): 175–185. 10.5851/kosfa.2021.e72.

Kahan, D.M. 2012. Ideology, motivated reasoning, and cognitive reflection: An experimental study. *Judgment and Decision making,* 8: 407-424.

Kahneman, D. 2013. The marvels and the flaws of intuitive thinking. Thinking: *The new science of decision-making, problem-solving, and prediction.* New York: Harper Collins.

Kamalapuram, S.K., Handral, H. & Choudhury, D. 2021. Cultured Meat Prospects for a Billion! *Foods (*Basel, Switzerland), 10(12): 2922. 10.3390/foods10122922.

Kenigsberg, J.A. & Zivotofsky, A.Z. 2020. A Jewish Religious Perspective on Cellular Agriculture. *Frontiers in Sustainable Food Systems,* 3(128). 10.3389/fsufs.2019.00128.

Krings, V. C., Dhont, K. & Hodson, G. 2022. Food technology neophobia as a psychological barrier to clean meat acceptance. *Food Quality and Preference,* 96. 10.1016/j.foodqual.2021.104409.

Kunda, Z. 1990. The case for motivated reasoning. *Psychological Bulletin,* 108(3): 480.

Kwon, J.H., Kim, J.W., Pham, T.D., Tarafdar, A., Hong, S., Chun, S.H., Lee, S.H., Kang, D.Y., Kim, J.Y., Kim, S.B. & Jung, J. 2020. Microplastics in food: A review on analytical methods and challenges. *International Journal of Environmental Research and Public Health,* 17(18):

6710. 10.3390/ijerph17186710.

Lamb, C. 2018. Allergy fears and transparency among issues at latest USDA/FDA meating. *The Spoon* (25 October 2018). https://thespoon.tech/allergy-fears-and-transparency-among-issues-at-latest-usda-fda-meat-ing.

Lee, D.Y., Lee, S.Y., Yun, S.H., Jeong, J.W., Kim, J.H., Kim, H.W., Choi, J.S., Kim, G.D., Joo, S.T., Choi, I., Hur, S.J. 2022. Review of the current research on fetal bovine serum and the development of cultured meat. *Food Science of Animal Resources,* 42(5): 775-799. 10.5851/kosfa.2022.e46.

Li, J., Settivari, R.S., & LeBaron, M.J. 2019. Genetic instability of in vitro cell lines: Implications for genetic toxicity testing. *Environmental and Molecular Mutagenesis,* 60(6): 559-562. 10.1002/em.22280.

Li, X., Zhang, G., Zhao, X., Zhou, J., Du, G. & Chen, J. 2020. A conceptual air-lift reactor design for large scale animal cell cultivation in the context of in vitro meat production. *Chemical Engineering Science,* 211. 10.1016/j.ces.2019.115269.

Liu, J., Hocquette, É., Ellies-Oury, M.P., Chriki, S. & Hocquette, J.F. 2021. Chinese Consumers' Attitudes and Potential Acceptance toward Artificial Meat. *Foods.* 10:353. 10.3390/foods10020353.

Liu, X., Zhang, T., Wang, R., Shi, P., Pan, B. & Pang, X. 2019. Insulin-Transferrin-Selenium as a Novel Serum-Free Media Supplement for the Culture of Human Amnion Mesenchymal Stem Cells. *Annals of Clinical and Laboratory Science,* 49(1): 63–71.

Lobb, A. 2005. Consumer trust, risk and food safety: A review. *Food Economics-Acta Agriculturae Scandinavica, Section C,* 2(1): 3-12.

Lu, T., Xiong, H., Wang, K., Wang, S., Ma, Y. & Guan, W. 2014. Isolation and characterization of adipose-derived mesenchymal stem cells (ADSCs) from cattle. Appl Biochem Biotechnol, 174(2): 719–728. 10.1007/s12010-014-1128-3.

Lupia A. 2013. Communicating science in politicized environments. *Proc Natl Acad Sci U S A,* 110(Suppl 3):14048-14054. 10.1073/pnas.1212726110.

Mancini, M.C., & Antonioli, F. 2020. To What Extent Are Consumers' Perception and Acceptance of Alternative Meat Production Systems Affected by Information? The Case of Cultured Meat. *Animals (Basel),* 10. doi:10.3390/ ani10040656. Available from: https://www.ncbi.nlm.nih.gov/pmc/articles/PMC7223365/.

Martinez-Conde, S., & Macknik, S.L. 2017. Finding the plot in science storytelling in hopes of enhancing science communication. *Proceedings of the National Academy of Sciences,* 114(31): 8127-8129. https://doi.org/10.1073/ pnas.1711790114.

Mattick, C.S. 2018. Cellular agriculture: The coming revolution in food production. *Bulletin of the Atomic Scientists,* 74(1): 32-35. 10.1080/00963402.2017.1413059.

Maynard, A. & Scheufele, D.A. 2016. What does research say about how to effectively communicate about science? The Conversation. http://theconversation.com/what-does-research-say-about-how-to-effectively-communicate-about- science-70244.

McMakin, A.H., & Lundgren, R.E. 2018. Risk communication: A handbook for communicating environmental, safety, and health risks. John Wiley & Sons.

Ministry of Public Health (MOPH). 2015. *Qatar Dietary Guidelines* [Ebook] (1st ed., pp. 8-26). Doha. Cited 22 May 2022. https://hukoomi.gov.qa/en/service/qatar-dietary-guidelines-portal.

Mohorčich, J., & Reese, J. 2019. Cell-cultured meat: Lessons from GMO adoption and resistance. *Appetite,* 143: 104408.

More, S.J., Bampidis, V., Benford, D., Bragard, C., Halldorsson, T.I., Hernández-Jerez, Bennekou, S.H., Koutsoumanis, K.P. *et al.* 2019. Guidance on the use of the Threshold of Toxicological Concern Approach in Food Safety Assessment. *EFSA Journal,* 17(6): e05708. doi.org/10.2903/J.EFSA.2019.5708.

Morgan, M.G., Fischhoff, B., Bostrom, A. & Atman, C.J. 2002. *Risk communication: A mental models approach.* Cambridge University Press.

Møretrø, T. & Langsrud, S. 2017. Residential Bacteria on Surfaces in the Food Industry and Their Implications for Food Safety and Quality. *Comprehensive Reviews in Food Science and Food Safety,* 16(5): 1022-1041. https://doi.org/ 10.1111/1541-4337.12283.

Miller, R.K. 2020. A 2020 synopsis of the cell-cultured animal industry. *Animal Frontiers,* 10(4): 64–72. dx.doi.org/10.1093/ af/vfaa031.

Munda, G. 2008. Social Multi-Criteria Evaluation for a Sustainable Economy. Springer Berlin, Heidelberg Ed., https://doi.org/10.1007/978-3-540-73703-2.

National Academies of Sciences, Engineering, and Medicine. 2016. Genetically engineered crops: Experiences and prospects. National Academies Press.

National Health and Family Planning Commission of China (NHFPC). 2013. Administrative Measures for Safety Review of New Food Materials. *In:* Commission, NHFPC (ed.). http:// www.lawinfochina.com/display.aspx?lib=law&id=15358&CGid.

National Research Council, Singer, S.R., Nielsen, N.R., & Schweingruber, H.A. 2012. Discipline-based education research: Understanding and improving learning in undergraduate science and engineering (pp. 6-11). Washington, DC: National Academies Press.

Ng, J. & Ramli, D. 2021. Temasek defends faux-meat valuations in US$1 trillion market space. *Yahoo.* Retrieved from https://sg.finance.yahoo.com/news/temasek-defends-faux-meat-valuations-in-us-1-trillion-market-space-020346375.html.

Ng, S. & Kurisawa, M. 2021. Integrating biomaterials and food biopolymers for cultured meat production. *Acta Biomaterialia,* 124: 108–129. 10.1016/j.actbio.2021.01.017.

Nikfarjam, L. & Farzaneh, P. 2012. Prevention and detection of mycoplasma contamination in cell culture. *Cell Journal,* 13(4): 203–212.

OECD (Organization for Economic Co-operation and Development) & FAO. 2021. *OECD-FAO Agricultural Outlook 2021-2030.* Paris: Organisation for Economic Cooperation and Development. https://www.oecd-ilibrary.org/agriculture-and-food/oecd-fao-agricultural-outlook-2021-2030_19428846-en.

OECD. 2022. Draft Principles of Good Practice for Public Communication Responses to Mis- and

Disinformation. Available at https://www.oecd.org/gov/open-government/public-consultation-draft-principles-good-practice-public-communication- responses-to-mis-disinformation.pdf.

Olson, J. M., Ameer, M. A., & Goyal, A. 2021. Vitamin A toxicity. In *StatPearls* [Internet]. StatPearls Publishing.

O'Neill, E. N., Cosenza, Z. A., Baar, K. & Block, D.E. 2021. Considerations for the development of cost-effective cell culture media for cultivated meat production. *Comprehensive Reviews in Food Science and Food Safety,* 20(1): 686–709. 10.1111/1541-4337.12678.

Ong, K.J., Johnston, J., Datar, I., Sewalt, V., Holmes, D. & Shatkin, J.A. 2021. Food safety considerations and research priorities for the cultured meat and seafood industry. *Comprehensive Reviews in Food Science and Food Safety,* 20(6): 5421–5448. https://doi.org/10.1111/1541-4337.12853.

Ong, S., Choudhury, D. & Naing, M.W. 2020. Cell-based meat: Current ambiguities with nomenclature. *Trends in Food Science and Technology,* 102: 223-231. 10.1016/j.tifs.2020.02.010.

Onwezen, M., Bouwman, E., Reinders, M. & Dagevos, H. 2021. A systematic review on consumer acceptance of alternative proteins: Pulses, algae, insects, plant-based meat alternatives, and cultured meat. *Appetite,* 159: 105058. https://doi.org/10.1016/j.appet.2020.105058.

Orellana, N., Sanchez, E., Benavente, D., Prieto, P., Enrione, J. & Acevedo, C.A. 2020. A new edible film to produce in vitro meat. *Foods,* 9(2). dx.doi.org/10.3390/foods9020185.

Pandurangan, M. & Kim, D. 2015. A novel approach for in vitro meat production. *Applied Microbiology and Biotechnology,* 99(13): 5391–5395. dx.doi.org/10.1007/s00253-015-6671-5.

Park, J., Choi, J.K., Choi, D.H., Lee, K.E. & Park, Y.S. 2022. Optimization of skeletal muscle-derived fibroblast isolation and purification without the preplating method. *Cell and Tissue Banking.* 10.1007/s10561-021-09989-7.

Park, S., Jung, S., Heo, J., Koh, W.G., Lee, S. & Hong, J. 2021. Chitosan/Cellulose-Based Porous Nanofilm Delivering C-Phycocyanin: A Novel Platform for the Production of Cost-Effective Cultured Meat. *ACS Applied Materials and Interfaces,* 13(27): 32193–32204. 10.1021/acsami.1c07385.

Pliner, P. & Hobden, K. 1992. Development of a scale to measure the trait of food neophobia in humans. *Appetite,* 19:105–120. doi:10.1016/0195-6663(92)90014-W.

Possidonio, C., Prada, M., Graca, J. & Piazza, J. 2021. Consumer perceptions of conventional and alternative protein sources: a mixed-methods approach with meal and product framing. *Appetite,* 156(44). dx.doi.org/10.1016/j. appet.2020.104860.

Post, M.J., Levenberg, S., Kaplan, D.L., Genovese, N., Fu, J., Bryant, C.J., Negowetti, N. *et al.* 2020. Scientific, sustainability and regulatory challenges of cultured meat. *Nature Food,* 1(7): 403–415. 10.1038/s43016-020-0112-z.

Quevedo-Silva, F., & Pereira J.B. 2022. Factors Affecting Consumers' Cultivated Meat Purchase Intentions. *Sustainability,* 14:12501. 10.3390/su141912501.

161

Ramani, S., Ko, D., Kim, B., Cho, C., Kim, W., Jo, C., Lee, C. et al. 2021. Technical requirements for cultured meat production: a review. *Journal of Animal Science and Technology,* 63(4): 681–692. dx.doi.org/10.5187/jast.2021.e45.

Rawlins B. 2008. Measuring the relationship between organizational transparency and employee trust. *Public Relations Journal*, 2 (2): 1-21.

Reiss, J., Robertson, S. & Suzuki, M. 2021. Cell sources for cultivated meat: applications and considerations throughout the production workflow. *International Journal of Molecular Sciences,* 22(14). dx.doi.org/10.3390/ijms22147513.

Renn, O. & Levine, D. 1991. Credibility and trust in risk communication. In: Kasperson, R.E., Stallen, P.J.M. (eds) Communicating Risks to the Public. Technology, Risk, and Society, vol 4. Springer, Dordrecht. https://doi.org/10.1007/978- 94-009-1952-5_10.

Rischer, H., Szilvay, G.R. & Oksman-Caldentey, K.M. 2020. Cellular agriculture: Industrial biotechnology for food and materials. *Current Opinion in Biotechnology,* 61: 128-134. https://doi.org/10.1016/j.copbio.2019.12.003.

Rodrigues, A.L., Rodrigues, C.A.V., Gomes, A.R., Vieira, S.F., Badenes, S.M., Diogo, M.M. & Cabral, J.M.S. 2019. Dissolvable Microcarriers Allow Scalable Expansion And Harvesting Of Human Induced Pluripotent Stem Cells Under Xeno-Free Conditions. *Biotechnology Journal,* 14(4): 1800461. https://doi.org/10.1002/biot.201800461.

Rogers, E.M. 2003. Diffusion of innovations (5th ed.). New York: Free Press.

Román, S., Sánchez-Siles, L.M., and Siegrist, M. 2017. The importance of food naturalness for consumers: Results of a systematic review. *Trends in Food Science & Technology*, 67:44–57. 10.1016/j.tifs.2017.06.010.

Rubio, N., Datar, I., Stachura, D., Kaplan, D. & Krueger, K. 2019. Cell-Based Fish: A Novel Approach to Seafood Production and an Opportunity for Cellular Agriculture. *Frontiers in Sustainable Food Systems,* 3. 10.3389/fsufs.2019.00043.

Sampaio, R.V., Chiaratti, M.R., Santos, D.C.N., Bressan, F.F., Sangalli, J. R., Sá, A.L.A., Silva, T.V.G. et al. 2015. Generation of bovine (Bos indicus) and buffalo (Bubalus bubalis) adipose tissue derived stem cells: isolation, characterization, and multipotentiality. *Genetics and Molecular Research,* 14(1). https://doi.org/10.4238/2015.January.15.7.

Santo, R.E., Kim, B.F., Goldman, S.E., Dutkiewicz, J., Biehl, E.M.B., Bloem, M.W., Neff, R.A., Nachman, K.E. 2020. Considering Plant-Based Meat Substitutes and Cell-Based Meats: A Public Health and Food Systems Perspective. *Frontiers in Sustainable Food Systems.* DOI=10.3389/fsufs.2020.00134.

Scolobig A. & Lilliestam, J., 2016. Comparing Approaches for the Integration of Stakeholder Perspectives in Environmental Decision Making. Resources, 5(4): 37. https://doi.org/10.3390/resources5040037.

Seah, J.S.H., Singh, S., Tan, L.P. & Choudhury, D. 2022. Scaffolds for the manufacture of cultured meat. *Critical Reviews in Biotechnology.* 10.1080/07388551.2021.1931803.

Seehafer, A. & Bartels, M. 2019. Meat 2.0 - the regulatory environment of plant-based and cultured meat. *European Food and Feed Law Review,* 4: 323-331.

Seon-Tea, J., Choi, J-S., Hur, S.J., Kim, G.D., Kim, C.J., Lee, E.Y., Bakhsh, A. & Hwang, Y.H. 2022. A Comparative Study on the Taste Characteristics of Satellite Cell Cultured Meat Derived from Chicken and Cattle Muscles. Food Science of Animal Resources, 42(1): 175–185. https://doi.org/10.5851/kosfa.2021.e72.

SFA (Singapore Food Agency). 2020. Requirements for the Safety Assessment of Novel Foods. *In:* Agency, S. F. (ed.).

SFA. 2021. Safety of Alternative Protein. In: *SFA Food Information.* Risk at a Glance. Cited 15 July 2022. www.sfa.gov.sg/food-information/risk-at-a-glance/safety-of-alternative-protein.

SFA. 2021a. *Requirements for the Safety Assessment of Novel Foods and Novel Food Ingredients.* Singapore: Singapore Food Agency. https://www.sfa.gov.sg/docs/default-source/food-import-and-export/Requirements-on-safety- assessment-of-novel-foods_26Sep.pdf.

SFA. 2021b. *A Growing Culture of Safe, Sustainable Meat.* Singapore: Singapore Food Agency. https://www.sfa.gov.sg/food-for-thought/article/detail/a-growing-culture-of-safe-sustainable-meat.

SFA. 2023a. SFA. In: *Food Manufacturers. Setting Up Food Establishments* [online]. Singapore. [Cited 08 February 2023]. https://www.sfa.gov.sg/food-manufacturers/setting-up-food-establishments.

SFA.2023b. SFA. In: Food Import & Export. Commercial Food Exports [online]. Singapore. [Cited 08 February 2023]. https://www.sfa.gov.sg/food-import-export/commercial-food-exports.

Shahin-Shamsabadi, A. & Selvaganapathy, P.R. 2021. Engineering Murine Adipocytes and Skeletal Muscle Cells in Meat-like Constructs Using Self-Assembled Layer-by-Layer Biofabrication: A Platform for Development of Cultivated Meat. *Cells Tissues Organs.* 10.1159/000511764.

Shanks, D.R. 2010. Learning: From association to cognition. *Annual review of psychology,* 61: 273-301.

Shurpin, Y. 2018. Is the lab-created burger kosher? *Chabad.org.* https://www.chabad.org/library/article_cdo/aid/2293219/jewish/Is-the-Lab-Created-Burger-Kosher.htm.

Siddiqui, S. A., Khan, S., Murid, M., Asif, Z., Oboturova, N.P., Nagdalian, A.A., Blinov, A.V., Ibrahim, S.A., & Jafari, S.M. 2022. Marketing Strategies for Cultured Meat: A Review. *Applied Sciences.* 12:8795. 10.3390/app12178795.

Siegrist, M., & Hartmann, C. 2020a. Consumer acceptance of novel food technologies. *Nature Food,* 1(6): 343-350.

Siegrist, M., & Hartmann, C. 2020b. Perceived naturalness, disgust, trust and food neophobia as predictors of cultured meat acceptance in ten countries. *Appetite.* 155:104814. 10.1016/j.appet.2020.104814.

Slovic, P. 1999. Trust, emotion, sex, politics, and science: Surveying the risk-assessment battlefield. *Risk analysis,* 19(4): 689-701.

Snyder, A.B., Churey, J. J. & Worobo, R.W. 2019. Association of fungal genera from spoiled processed foods with physicochemical food properties and processing conditions. *Food Microbiology,* 83: 211–218. https://doi.org/10.1016/j. fm.2019.05.012.

Soice, E. & Johnston, J. 2021. Immortalizing Cells for Human Consumption. *International Journal of Molecular Sciences,* 22(21): 11660.

Southey, F. 2021. *Cultivated, cultured, or other? Making alt meat terminology appealing and transparent. Food Navigator.* www.foodnavigator.com/Article/2021/10/27/The-best-terminology-for-cell-based-meat-Experts-weigh-in.

Specht, E.A., Welch, D.R., Clayton, E.M.R. & Lagally, C.D. 2018. Opportunities for applying biomedical production and manufacturing methods to the development of the clean meat industry. (Special section on scale-up and manufacturing of cell-based therapies V.). *Biochemical Engineering Journal,* 132: 161–168. dx.doi.org/10.1016/j.bej.2018.01.015.

Stephens, N., Di Silvio, L., Dunsford, I., Ellis, M., Glencross, A. & Sexton, A. 2018. Bringing cultured meat to market: Technical, socio-political, and regulatory challenges in cellular agriculture. *Trends in Food Science and Technology,* 78: 155-166. 10.1016/j.tifs.2018.04.010.

The Straits Times. 2020. Strengthening food security with R&D. *The Straits Times,* 13 August 2020, Singapore. www.straitstimes.com/singapore/strengthening-food-security-with-rd.

Sundin, A., Andersson, K. & Watt, R. 2018. Rethinking communication: integrating storytelling for increased stakeholder engagement in environmental evidence synthesis. *Environ Evid* 7. https://doi.org/10.1186/s13750-018-0116-4.

Suresh, S., & Student, C.S.I. 2018. "Friend" or "Fiend" : In vitro lab meat and how Canada might regulate its production and sale. Ottawa, ON: The Canadian Agri-Food Policy Institute. https://capi-icpa.ca/wp-content/uploads/2019/06/2018-10-23-CAPI-in-vitro-meat-technology_Paper_SureshShishira_WEB.pdf.

Swartz, E. 2021. Cell culture media and growth factor trends in the cultivated meat industry. The Good Food Institute https://gfi.org/wp-content/uploads/2021/11/Cultivated-meat-media-and-growth-factor-trends-2020.pdf.

Szejda, K., Allen, M., Cull, A., Banisch, A., Stuckey, B., & Dillard, C., & Urbanovich, T. 2019. *Meat cultivation: Embracing the science of nature.* Washington, DC: The Good Food Institute.

Szejda, K., Bryant, C.J., Urbanovich T. 2021. US and UK consumer adoption of cultivated meat: A segmentation study. *Foods,* 10(5): 1050. 10.3390/foods10051050.

Szejda, K., & Dillard, C. 2020. Antecedents of alternative protein adoption: A US focus group study. Research Report. Washington, DC: The Good Food Institute. https://gfi.org/images/uploads/2020/04/April-2020-Alt-Protein-Focus-Groups- Report.pdf.

Tan, Y., Salkhordeh, M., Schlinker, A. C., Lazarovitz, G., Wang, J., Khan, S., McIntyre, L., *et al.* 2017. Utilization of a closed, automatic LOVO cell processing system to wash and concentrate large volume of mesenchymal stem cell harvest. *Cytotherapy,* 19(5): S120–S121. 10.1016/j.jcyt.2017.02.195.

Tonkin, E., Henderson, J., Meyer, S.B., Coveney, J., Ward, P.R., McCullum, D., Webb, T. &

Wilson, A.M. 2020. Expectations and everyday opportunities for building trust in the food system. *British Food Journal.* https://www.emerald.com/insight/ content/doi/10.1108/BFJ-05-2020-0394/full/html.

Treich, N. 2021. Cultured Meat: Promises and Challenges. *Environmental and Resource Economics,* 79(1): 33-61. 10.1007/ s10640-021-00551-3.

Tzohar. 2022. *Meat produced in a laboratory from a non-meat cell.* Position Paper. Israel. https:// www.tzohar.org.il/ wp-content/uploads/basar.pdf.

USDA-FSIS (United States Department of Agriculture's Food Safety and Inspection Service). 2021. *Labeling of Meat or Poultry Products Comprised of or Containing Cultured Animal Cells.* 49491-49496.86.

van de Poel, I. & Robaey, Z. 2017. Safe-by-Design: from Safety to Responsibility. *Nanoethics,* 11(3): 297–306. 10.1007/ s11569-017-0301-x.

van der Valk, J., Bieback, K., Buta, C., Cochrane, B., Dirks, W.G., Fu, J., Hickman, J.J., Hohensee, C., Kolar, R., Liebsch, M., Pistollato, F., Schulz, M., Thieme, D., Weber, T., Wiest, J., Winkler, S., Gstraunthaler, G. 2018. Fetal Bovine Serum (FBS): Past - Present - Future. Altex, 35(1):99-118. 10.14573/altex.1705101. Epub 2017 Aug 9. PMID: 28800376.

Vassiliev, I. & Nottle, M. B. 2013. Isolation and Culture of Porcine Embryonic Stem Cells. In Alberio, R., ed. *Epiblast Stem Cells: Methods and Protocols,* pp. 85-95. Totowa, NJ, Humana Press. Available: https://doi.org/10.1007/978-1- 62703-628-3_7.

Verzijden, K. 2021. S*ingapore Cultured Meat Regulatory Approval Process Compared to EU (Food Health Legal Blog).* Amsterdam: Axon Lawyers. http://foodhealthlegal.eu/?p=1081.

Vosoughi, S., Roy, D., & Aral, S. 2018. The spread of true and false news online. *Science,* 359(6380): 1146-1151.

Webb, C., Kevern, J. 2001. Focus groups as a research method: a critique of some aspects of their use in nursing research. *Journal of Advanced Nursing,* 33(6): 798e805.

Weger Jr, H., Castle Bell, G., Minei, E. M., & Robinson, M. C. 2014. The relative effectiveness of active listening in initial interactions. *International Journal of Listening,* 28(1): 13-31.

Weigold, M.F. 2001. Communicating science: A review of the literature. *Science Communication,* 23(2): 164-193.

WHO (World Health Organization). 2022. Dietary and inhalation exposure to nano- and microplastic particles and potential implications for human health.

Wiedemann, P.M., Kirsch, F., Lohmann, M., Boel, G.F., Freudenstein, F. 2022. Effects of as-if risk framing of hazards on risk perception and its rebuttal. *Regulatory Toxicology and Pharmacology.* https://doi.org/10.1016/j.yrtph.2022.105282.

Wilks, M., M. Hornsey, and P. Bloom. 2021. What does it mean to say that cultured meat is unnatural? *Appetite,* 156:104960. https://doi.org/10.1016/j.appet.2020.104960.

Zhang, G., Zhao, X., Li, X., Du, G., Zhou, J. & Chen, J. 2020. Challenges and possibilities for bio-manufacturing cultured meat. *Trends in Food Science & Technology,* 97: 443–450. dx.doi.org/10.1016/j.tifs.2020.01.026.

Zhang, L., Hu, Y., Badar, I.H., Xia, X., Kong, B. & Chen, Q. 2021. Prospects of artificial meat: Opportunities and challenges around consumer acceptance. *Trends in Food Science and Technology,* 116: 434–444. 10.1016/j.tifs.2021.07.010.

Zidaric, T., Milojevic, M., Vajda, J., Vihar, B. & Maver, U. 2020. Cultured meat: Meat industry hand in hand with biomedical production methods. *Food Engineering Reviews,* 12(4): 498–519. dx.doi.org/10.1007/s12393-020-09253-w.

图书在版编目（CIP）数据

细胞基食品食用安全解析 / 联合国粮食及农业组织，
世界卫生组织编著 ；宋雁等译. -- 北京 ：中国农业出
版社，2025．6．-- （FAO中文出版计划项目丛书）.
ISBN 978-7-109-33416-8

Ⅰ．TS201.6

中国国家版本馆CIP数据核字第2025V9F190号

著作权合同登记号：图字01-2024-6563号

细胞基食品食用安全解析
XIBAOJI SHIPIN SHIYONG ANQUAN JIEXI

中国农业出版社出版
地址：北京市朝阳区麦子店街18号楼
邮编：100125
责任编辑：郑　君
版式设计：王　晨　责任校对：吴丽婷
印刷：北京通州皇家印刷厂
版次：2025年6月第1版
印次：2025年6月北京第1次印刷
发行：新华书店北京发行所
开本：700mm×1000mm　1/16
印张：11.5
字数：220千字
定价：98.00元